U0253733

AMEP-植物疫苗的开发与应用

刘 权／著

中国原子能出版社

图书在版编目 (CIP) 数据

AMEP- 植物疫苗的开发与应用 / 刘权著 . —— 北京：
中国原子能出版社 , 2021.12
　　ISBN 978-7-5221-1896-3

　　Ⅰ . ① A… Ⅱ . ①刘… Ⅲ . ①植物—疫苗—研究
Ⅳ . ① S432.2

中国版本图书馆 CIP 数据核字（2021）第 267952 号

内 容 简 介

　　本专著介绍了 AMEP 植物疫苗的开发与应用的过程。首先介绍了药肥一体化的概念，列举了市面上常见的叶面肥种类；随后介绍了叶面肥与 AMEP 植物疫苗的组合施用，确定了对 AMEP 蛋白活性具有增强作用的叶面肥组分；接下来介绍了 AMEP 植物疫苗通过高密度发酵和喷雾干燥进行大规模生产的工艺流程；随后介绍了 AMEP 植物疫苗在各种作物上的应用效果，包括植物表型、蛋白和基因变化、抗病抗逆性、产量与品质指标等，最后总结了 AMEP 植物疫苗开发应用的经验和注意事项。

AMEP- 植物疫苗的开发与应用

出版发行	中国原子能出版社（北京市海淀区阜成路 43 号 100048）
责任编辑	白皎玮
责任校对	冯莲凤
印　　刷	北京九州迅驰传媒文化有限公司
经　　销	全国新华书店
开　　本	710 mm × 1000 mm　1/16
印　　张	10.5
字　　数	166 千字
版　　次	2023 年 3 月第 1 版　2023 年 3 月第 1 次印刷
书　　号	ISBN 978-7-5221-1896-3　　**定　　价**　72.00 元

网　　址：http://www.aep.com.cn　　E-mail:atomep123@126.com
发行电话：010-68452845　　　　　　版权所有　侵权必究

　　植物免疫是我国绿色有机农业种植体系发展进程中出现的新热点研究方向。不同于传统的化学农药和他类生物防治制剂，植物免疫类产品的基本原理是通过外源激发因子与植物的细胞膜表面受体互作，引发细胞内防卫相关的信号传递系统，进而形成防卫反应和系统获得抗性，提高植物的抗病性和抗逆性，促进植物代谢水平和营养吸收，保证植物的健康生长。基于其作用原理，这类植物免疫类产品通常称作"植物疫苗"。植物疫苗一般通过喷施的方式接种到植物表面，类似于我们人类接种疫苗，随后引发植物的抗性提升，类似我们人类产生抗体。

　　广义来讲，植物免疫类产品的活性成分涵盖所有能够激发植物抗性的分子，如寡糖类、化合物、蛋白类、多肽类等。在如今的市场中打着植物免疫名号的产品林林总总，但大多数产品中的实际有效成分并不占产品的主体，而是掺入了大量的叶面肥类成分，如大中微量元素、氨基酸、有机质、微生物菌剂等，并赋予"药肥一体化"的美称。究其原因，是因为其产品中的有效活性成分并不能在实际应用中达到令种植者满意的效果，转而试图通过肥力促进植物生长的可见性状来掩盖产品激发植物免疫功能的缺陷，形成了市场乱象。

　　AMEP植物疫苗的主要活性成分是一种从生防菌株–枯草芽孢杆菌中分离鉴定的兼具激发植物免疫和抗菌杀虫活性的多功能蛋白AMEP。该蛋白属全世界首次发现，极具创新性。AMEP植物疫苗除了具有高浓度和高效的AMEP蛋白，具有突出的植物免疫效果；还保留了传统生防菌株–枯草芽孢杆菌发酵产生的大量抗菌和抗虫物质，具有突出的直接保护作用。由此，AMEP植物疫苗首次将激发植物免疫抵御病虫害的新途径与直接杀伤病虫害的传统途径合二为一。

　　为了将AMEP植物疫苗产品尽快投入市场，作者对其开发与应用的过程进行了大量的研究工作。在本著作写作过程中，AMEP植物疫苗实现了大规模制剂化生产，在黑龙江八一农垦大学实验室和黑龙江各地进行了效果验证，结果令人满意。值得一提的是，农垦北大荒集团九三分公司连续2年对AMEP植物疫苗进行了大规模田间应用示范，取得了显著的提升抗逆性和产量品质的效果。由此，我们有理由相信AMEP植物疫苗可成为我国绿色有机农业种植体系的关键一环。

　　刘权负责专著的全部编写，共计12万字。孙薇负责审稿与校对。

　　本专著受到国家自然科学基金项目（31101485）、黑龙江省自然科学基金项目（QC2017020）（LH2021C064）、黑龙江八一农垦大学创新人才项目（ZRCQC201904）和全国基层农技推广体系改革与建设补助项目支持。

作　者

2021年12月

CONTENTS 目 录

第四章　AMEP植物疫苗的推广应用

第一章
植物免疫类产品简介

第一节　传统生防制剂

一、生防制剂简介

生防制剂又称为生物农药，是直接利用生物体或生物产生的活性物质进行病虫害防治，是非人工合成的，具有杀虫、杀菌或抗病能力的生物源天然活性制剂。目前主要包括微生物源杀菌剂（农用抗生素和活体微生物杀菌剂等）、植物源杀菌剂、以微生物代谢产物为基础修饰合成的杀菌剂等类型，是生物农药的重要组成部分。

生防制剂出现于20世纪50年代末，经过60多年的努力，人们已经掌握了大量微生物和天敌防治植物病虫害的机理及多种生物杀菌、杀虫剂的加工技术。新的生物杀菌、杀虫剂品种不断问世，销售量和使用面积不断扩大，呈现出良好的发展态势。虽然目前生物杀菌剂在整个世界植物保护市场中所占的分量不到10%[1]，但已受到各行业的重视。生物农药已成为当前世界农业研究的热点与重点。

二、微生物源杀菌剂

微生物源杀菌剂包括农用抗生素和活菌杀菌剂，是对致病微生物产生特异性药理作用的微生物产物或微生物活菌，也称为生化杀菌剂（Biochemical Fungicides）。微生物源杀菌剂是植物病害生防制剂研究的热点。这类杀菌剂所含的有效物质主要包括细菌芽孢、真菌孢子及菌丝体、病毒、毒素或抗菌素。

（一）农用抗生素

农用抗生素是微生物产生的次级代谢产物，在低微浓度时即可抑制或杀灭作物的病原或调节作物生长发育。在微生物源杀菌剂中对农用抗生素的杀菌作用研究最多，而具有生物活性且可以商品化生产的次级代谢物质，则成为开发现代杀菌剂的主要来源。

近几年国内外在农作物和果树上常用的抗生素类杀菌剂大约有40多种。国外以日本发展最快，先后开发了春日霉素、灭瘟素、多氧霉素、有效霉素、灭孢素、杀螨霉素等，印度用金色制霉素和杂曲霉素处理种子来防治水稻、大麦和黄麻病害，苏联用卡苏霉素、灰黄霉素、植菌霉素、木霉素等防治豆类和棉花苗期病害[2]。经过几十年的研究探索，我国对新农用抗生素的筛选方法有了较大程度的改进和提高，已筛选出产抗生素的菌种，并研制出不少抗生素新品种，如多抗灵、多效霉素等，还有防治蔬菜真菌性病害的武夷霉素、防治作物细菌性病害的中生菌素及防治烟草病毒病的宁南霉素等。目前我国已开发并应用的农用抗生素还有井冈霉素、农抗120、庆丰霉素、公主岭霉素、多抗A号、春雷霉素、新植霉素等。

近年来，人们发现对植物病原菌具有拮抗作用的放线菌和细菌均可以产生抗生素。源于放线菌的抗生素主要有灭瘟素、春雷霉素、米多霉素、多马霉素。而源于细菌的抗生素典型的有如下几种。生防细菌产生的多种代谢产物，如荧光假单胞菌（*Pseudomonas fluorescens*）可产生螯铁素（Siderophores）、低分子质量抗菌物质、植物激素及多肽等[3]。库斯塔克素

（Kurstakins）即是一类自Bt中分离出的具杀菌活性的新型脂肽，具有用于研制新型杀菌剂的潜力[4]。用枯草芽孢杆菌（*Bacillus subtillis*）代谢物在贮藏前处理金花梨，能有效控制其灰霉病的发生。农杆菌素84是由放射土壤杆菌K84菌株产生的低分子质量细菌素，它对含胭脂碱（农杆菌素碱A）Ti质粒的根癌土壤杆菌有强抑制作用。从1973年起，K84菌株制剂已有商品化生产，在澳大利亚和美国等地出售。从水稻的菊欧氏菌（*Erwinia chrysanthemi*）中分离提取的细菌素Echcin对许多病原真菌都具有很强的抑制作用，且对小麦纹枯病的田间防效优于井冈霉素[5]。

（二）活体微生物杀菌剂

活体微生物杀菌剂主要有细菌杀菌剂、真菌杀菌剂等类型。它通常具有选择性强、不会产生抗性等优点，但也存在储存困难、不易管理等不足。

目前拮抗性细菌在土传病害生物防治上应用最多，主要有放射土壤杆菌（*Agrobacterium radiobacter*）、芽孢杆菌（*Bacillus* spp.）、假单胞菌（*Pseudomonas* spp.）、欧氏杆菌（*Erwinia*）等。在国外用放射土壤杆菌K84菌系防治果树的根癌病已实现了商品化。近年来我国报道分离出对葡萄根癌病有显著防效的放射土壤杆菌HLB-2、E26和M115，经大田试验防效为85%~100%，引起国内外的重视[6]。美国Agraquest公司用枯草芽孢杆菌（*Bacillus subtilis*）QST713菌株和QST2808菌株分别开发出活菌杀菌剂Serenade TM和Sonata AS，已在美国登记使用，用于防治多种作物的白粉病、霜霉病、疫病、灰霉病等病害[7-11]；还有用枯草芽孢杆菌开发的对植物病原菌*Fusarium*和*Rhizoctonia*有较好防效的Kodiak也已在美国商业化[12]。我国台湾的Wang等[13]从土壤中分离出对病原菌*Fusarium oxysporum*有抗性的菌株*Bacillus subtilis* W113和*Bacillus subtilis* W118，并从其几丁质中提取出高度耐热的杀菌剂，在100 ℃高温中30 min仍有活性。用荧光假单胞菌（*Pseudomonas fluorescens*）防治小麦全蚀病、棉花幼苗猝倒病和马铃薯软腐病的试验也取得了一定效果。瑞典BioGri公司由*Pseudomonas chlororaphis*开发的新型生物杀菌剂已得到欧盟植物科学委员会（SCP）的认可[14]。

目前用于防治果蔬采后病害的微生物抗菌剂主要有*AspireTM*、

*Biosave111*和*Biosave110*（*Pseudomonas syringae*菌株）[15-17]。对寄生根结线虫的细菌研究不多，其中以对能够侵染根结线虫的巴氏杆菌（*Pasteuria penetrans*）的研究最为广泛，该菌对许多寄生线虫防效显著。由于巴氏杆菌为专性寄生菌，因此大量生产巴氏杆菌制剂存在很大困难。近年已开始研究用根际细菌如假单胞菌和芽孢杆菌防治根结线虫，而防治线虫的*Bacillus thurigienses*菌剂已登记[18]。

　　目前防治植物病害的真菌种类较少，主要是木霉属（*Trichoderma*）的一些种，如哈茨木霉（*Trichoderma harzianum*）、绿色木霉（*Trichoderma viride*）、康氏木霉（*Trichoderma koningii*）、木素木霉（*Trichoderma lignorum*）、钩木霉（*Trichoderma hamatum*）、长枝木霉（*Trichoderma longibrachiatum*）、多孢木霉（*Trichoderma polysporum*）及绿粘帚霉（*Trichoderma virens*）。哈茨木霉对立枯病、菌核病、腐霉病、灰霉病等多种病害有较好的防效[19-20]，其发酵液可对采后茄子进行病害发生与生物保鲜。Caron等[21]发现哈茨木霉MAUL-20菌株的抗菌活性高于商用Rootshield™，有潜力开发出新的杀菌剂。绿色木霉用来防治蜜环菌、轮枝菌、紫韧草菌、葡萄拟茎点霉和灰葡萄孢等病菌引起的各种病害；木素木霉的干燥孢子处理烟草的株穴可防治白绢病。此外，其他真菌如链孢粘帚霉（*Gliocladium catenulatum*）可用于防治土壤里的腐霉菌和丝核菌；*Ampelomyces quisqualis*主要防治葫芦的白粉病；*Sporothrix flocculosa*防治玫瑰和黄瓜的白粉病；绿粘帚孢霉（*Gliocladium virens*）防治幼苗立枯病。水霉菌也已用于园艺作物的真菌、细菌性病害防治[22]。

（三）植物源杀菌剂

　　植物源杀菌剂是指从植物中直接提取的某种具有杀菌活性的物质。可作为杀菌剂的植物源物质虽不多，但其具体研究很广泛深入。从毛蒿植物中分离出的毛蒿素（Capillin）、从南欧丹参中分离出的硬尾醇（Sclareal）、存在于苜蓿根部的苜蓿酸（Medicagenic acid）、海红豆中的紫檀素（Pterocarpans）等均表现出很强的抗真菌活性。由银杏树中提取分离的活性物质制成的绿帝乳油对多种蔬菜、苹果、小麦、棉花均有显著的杀菌和抑菌作用，是一种广谱农用杀菌剂。由原白头翁提取液加工成的制剂910512-5对小麦赤霉病有较好的防治效果和明显的增产作用[23]。

在许多植物体内存在着大量具有抗菌活性的成分或经诱导后可具有抗病特性的化合物。如从白千层、樟脑罗勒和枸缘叶片中提取的精油，可用于防止黄曲霉和杂色曲霉对几种贮藏产品造成的生物降解。采用麦芽糊精、羟甲基纤维素、丙二醇和山梨聚糖酯的乳状混合液处理芒果，不仅可防止实蝇幼虫的扩散，还可降低炭疽病的发病率。用向日葵油、竹柏油、霍霍巴蜡处理芒果，可推迟果实成熟、降低果实失重率，还可显著减少炭疽病的发生；木薯淀粉和云苓碎粉可明显减轻炭疽病的严重程度；研究还发现，天然植物挥发性物质，对已侵入寄主皮孔或潜伏侵染的病原菌具有较好的抑菌效果。

人们将通过对植物资源进一步剖析、研究，寻找作为设计与创制化学杀菌剂的先导化合物。植物将无疑成为新杀菌剂开发的宝贵资源和钥匙。

三、展望

据估计，在未来的20年，谷物产量每年应增产1.5%方能满足不断增长的人口的需要。为增加作物产量，在相当长的一段时间内，化学农药的使用将继续起决定作用。然而，以化学农药残留为主的食品安全性问题已越来越受到人们的重视。从目前的技术水平和发展趋势来看，创制出"零"负作用的化学农药是不现实的。而在目前的生产实践中已有低毒、与环境兼容性好、低残留的植病生防制剂，只是其品种较少，应用范围较窄而已。

根据目前植病生防制剂存在的问题，未来植病生防制剂的研究应从拓宽抗病微生物菌株来源（如海洋微生物）、应用现代生物技术提高现有微生物杀菌剂菌种的性能，提高产量（如基因操作技术），改善微生物农药成本偏高、稳定性差的不足等方面加以考虑。

随着生防制剂的开发及生物技术的进步，生防效果大大提高，用生防制剂替代部分化学农药防治植物病害的目标将会很快实现。

第二节　药肥一体化

一、药肥的简介

　　药肥是将农药与肥料按一定比例复配，并通过一定工艺技术生产的复合剂，既能有效防治病虫草害，又能补充作物所需的营养物质，实现二者的互作增效，促进作物的健康生长。药肥不是农药和肥料的简单混配，在生产中不能期望一种药肥能解决所有缺素与病虫害问题。药肥应是专治某种病虫害同时解决植物营养问题的药或有防治某种病虫害功能的肥料。药肥有多种分类方式：根据防治对象，可分为消灭地下害虫、防治土传病害、除草、促生长药肥等；根据防护对象，可分为马铃薯、玉米、甘蔗专用药肥等；根据施用方式，又可分为撒施、冲施、叶面喷施与拌种药肥等。药肥在一定程度上可减少农药和化肥的施用，达到减量增效、降低农业生产成本、提高经济效益的目的。随着农业现代化及可持续农业的发展，研制推广绿色环保、功能高效的新型药肥具有重要意义。

二、我国药肥发展历程与存在问题

（一）我国药肥的发展历程

　　我国自20世纪80年代开始研究药肥。据报道，青海省以化肥为载体施药，用燕麦敌2号防除麦田杂草6.2万公顷；浙江和宁夏采用包衣法将除草剂包裹在尿素颗粒外表形成除草尿素在生产上作追肥施用，然而由于营养不全面，杀草谱较窄，应用效果不理想，未能大范围推广应用；1995年，浙江省农科院将除草剂与尿素复合研制出黄尿素，产品除草效果好、肥效显著，但推广应用较少；1998年，福州市晋安农业局研究出一种新型的稻田除草与追肥相结合的除草剂黄尿素，对稻田中的禾本科、阔叶科、杂草等有显著防治效果，除草效果优于常用的扑草净、丁节、丁草胺，且具有明显增产效果；2005年，广东省湛江市春江生物化学实业有限公司将肥料和除草剂合二为一，制成高效多功能药肥苄丁颗粒药肥，能较好地控制稻田杂草；2005年，陕西省杨凌示范区武兴战等研制出一种纳米级缓控释药肥，采用纳米生物技术与科学配方，将过氨化的腐植酸加上经过活化处理的海绿石钾肥、过磷酸钙，与杀菌剂和活性剂组成各种质量分数的杀菌药肥，施用效果良好；2008年，徐博等发明了一种以尿素为核心，通过粉状或液态农药等采用包衣方式，生产颗粒药肥的方法，现已大规模生产；2013年，浙江永康农药厂通过苄嘧磺隆、异丙甲草胺与氮、钾和多种微量元素及有机质、腐植酸混合，以二氧化硅硅铝螯合物细粒为载体，生产除草药肥，经田间效果试验表明该产品效果良好，具有明显的社会经济效益。

　　我国药肥经过40多年的发展，虽有可喜的进步，但是仍然没有成为市场主流的产品，大多数情况下只是产品的卖点，市场比例偏小。近几年有关肥料与农药结合应用于生产的技术研究逐渐增多，且其发展趋势从速溶药肥逐渐向缓释药肥拓展，从功能单一向功能多元化的方向发展。

（二）药肥发展存在的问题

　　除草剂、杀虫剂、杀菌剂与肥料之间有增效作用[24]。然而碱性肥料（氨水、碳酸钾、硝酸钠、硝酸钙等）不能与有机磷酸酯、氨基甲酸酯、拟除虫菊酯类农药（马拉硫磷、敌敌畏、乐果、氧化乐果、甲基对硫磷、西维因、敌百虫、速灭威、井冈霉素、叶蝉散、多菌灵、托布津、菊酯类杀菌剂等）混用，如果混用会发生酸碱反应从而降低药效；氮肥（碳酸氢铵、硝酸铵、氯化铵等）、过磷酸钙不能与碱性农药（石硫合剂、波尔多液、松脂合剂等）混用，如果混用会造成氮肥中的氨挥发损失，降低肥效；微生物农药（阿维菌素、苏云金杆菌、白僵菌、井冈霉素、杀螟杆菌、青虫菌等）不能与化学农药混合，如果混用会杀死药物中的活性物质，降低药效。甚至有些农药与肥料混用会对农作物有毒害作用，如扑草净与液体肥料混用会加大对玉米的毒副作用。除此之外，药肥的不稳定性因素较多，如温度或pH改变易引起液体药肥结晶沉淀、农药分解、衰减等问题，如甲氧基丙烯酸酯类杀菌剂在酸性环境中对水解较稳定，在碱性溶液中易水解[25]。

污染环境是阻碍农药与肥料迅速发展的一大因素。全球农药的使用量多达几百万吨，80%的农药进入环境中，而绝大多数农药无法降解，会与土壤结合形成残留，或者进入大气与水体中污染环境。活性强的高毒农药已被各国限制使用，而苯噻酰草胺和苄嘧磺隆等低毒农药因其活性较低，为了达到好的除草效果，生产中往往需要加大使用量，而土壤的降解能力有限难免会有农药残留等问题。因此，研制开发互作增效、低毒高效的生态药肥，不仅可以减少农药使用，降低农药残留，还可以节约生产成本，实现农业的可持续发展。

目前我国肥料利用率较低，主要养分利用率为氮30%~35%、磷10%~20%、钾30%~35%。我国药肥中的肥料大部分是未经处理的肥料，养分释放速度快，利用率低。因此，发展缓控释增效药肥，研究肥料与农药互相增效的机制，提高化肥利用率，对农业可持续发展具有重要意义。

（三）我国药肥发展的创新点

针对我国药肥产业发展存在的问题，通过原料创新、工艺技术创新等途径，发展环保型多功能药肥产品是未来药肥产业的发展方向。

1.生物药肥

生物农药又称天然农药，是指利用生物活体（细菌、真菌、昆虫病毒、转基因生物、天敌等）或其代谢产物（信息素、生长素、萘乙酸、2，4-二氯本氧乙酸等）针对农业有害生物进行杀灭或抑制的制剂。生物农药可以分为活体微生物农药、微生物产物农药、植物源生物农药、动物源农药等[26]。生物农药与普通农药的区别在于其靶标种类的专一性、低残高效、对生态环境影响小、对人畜安全、不易产生抗药性等。

2.蛋白质药肥

蛋白质农药是由微生物产生，对多种农作物具有生物活性，对农作物病虫草有间接抑制或防控功能的蛋白激发子类药物，如苏云金杆菌（Bt）杀虫蛋白、过敏蛋白、隐地蛋白、激活蛋白、糖蛋白、鞭毛蛋白、病毒蛋白等[27]。蛋白质农药不像能全面杀死靶标的药物，它的作用机制是通过激活植物体内的免疫系统增强植物本身对这些外来生物的抵抗能力，从而达到抗病防虫和抗逆的目的。

Bt杀虫剂即苏云金芽孢杆菌制剂，是当前世界上产量最大、应用最广的微生物杀虫剂。其作用机制是昆虫取食苏云金芽孢杆菌后，杀虫晶体蛋白就随之进入昆虫体内并在昆虫碱性肠道内溶解，经过肠道内蛋白酶消化作用，将前毒素降解为活性蛋白破坏肠道细胞膜结构，形成跨膜离子通道或孔，导致细胞溶解，最终使昆虫死亡[28]。Bt杀虫剂具有防治病虫害、天然降解无污染、生态环保以及害虫难产生抗药性等优点；其缺点在于杀虫谱较窄，杀虫速度慢，生产成本高。埃及学者Salama等在1984年通过试验研究表明，Bt杀虫剂与碳酸钾、氯化镁、氯化钾、硼砂、单宁酸等混用，可以提高其对埃及棉叶蛾的杀虫效果[29]；申继忠（1994年）发现Bt杀虫剂与碳酸钙、氧化钙、硫酸锌混用，可以使其杀虫效果提高1.9倍以上[30]；翟兴礼等（2005年）试验发现，K_2CO_3、$MgCl_2$对Bt杀虫剂的增效最显著，而硼砂、碳酸钙对Bt杀虫剂无增效作用[31]；王明道等（2003年）研究表明，$ZnCl_2$、巯基乙醇、硼酸、$ZnSO_4$、$CuSO_4$、$CaCl_2$等6种化学添加剂对Bt杀虫剂有增效作用，$CuSO_4$和$ZnCl_2$增效作用最大[32]。

2001年，美国EDEN公司研发出康壮素（messenger）生物农药，因其绿色环保的属性，多国政府鼓励在蔬菜、果树上施用该产品，而这种用于控制病害和增强抗逆性的过敏蛋白和激活蛋白等蛋白质农药，正逐步应用于农业生产中。

3.植物源药肥

植物源农药是从植物体内（人工栽培或野生的植物）提取的有杀虫或杀菌效果的农药，通过筛选、鉴定、改造最终合成新型高效、低毒的无公害农药，如苦参素、苦楝素、印楝素、鱼藤酮、除虫菊、藜芦碱、烟碱等。植物源农药通常富含N、P、K等常量及微量元素，施用后能够促进作物生长，提高作物品质[33]，同时还能防治病虫害，没有化学药物表现出的副作用。2005年，日本特殊药业和德国拜耳农化联合开发的吡虫啉以及日本曹达开发的吡虫腈烟碱类植物源农药已成为最成功的品种。我国已有研究者从全国8 000

多种木本植物中筛选2 000多种具有杀虫活性的化合物，如从苦楝中可以提取四环三萜类杀虫化合物，从牡丹花科植物中可提取四环二萜类杀虫化合物，从菊科植物中可以提取早熟素、倍半萜内酯和炔类杀虫化合物。毕军等于2005年研究发现，植物源药肥可以使花生增产9.4%~11.5%，害虫防治效果与施用涕灭威或辛硫磷的效果相当[34]。

研究表明，施用有机肥能够增加食腐线虫密度，使植物寄生类线虫减少[35]。许多有关蔬菜根结线虫防治的研究结果表明，植物有机质或堆肥能抑制根结线虫的发育和种群数量[36]。植物源药肥富含杀虫、杀菌、诱导免疫等多种活性物质，具有无公害、无污染、不易使有害生物产生抗药性、保护天敌、省时省力、药效持久、提高土壤活力等优点；但仍存在速效性差、与其他农药亲和力差以及生产成本较高等缺点。目前我国正逐步淘汰高毒、高残留的农药，植物源农药环保、安全的优势逐渐凸显，其与有机肥料结合成的药肥既能调节农作物生长发育，又能防治病虫害，因而对于无公害栽培及绿色食品的开发与生产具有广阔的应用前景。

（四）我国药肥的发展趋势

我国对药肥的研究始于20世纪80年代。当时浙江省农业科学院、宁夏农林科学院、吉林农业大学等科研部门都相继开展了有关除草药肥的研究。浙江和宁夏研制的除草尿素采用包衣法将除草剂包裹在尿素颗粒外表，在生产上作追肥施用，虽已形成产品，但因肥料和除草剂的过分单一，营养不全面，杀草谱较窄，综合应用效果不理想，未能推广应用[36]。此外，这一时期我国农村劳动力充足、劳动力成本低廉，更加不能突出药肥性价比优势。因此，我国药肥的发展速度较慢。直到近10年来，随着我国对药肥优势的认识，以及农村劳动力进城务工越来越多，剩余劳动力成本增加，药肥的研究及应用再次引起人们关注。近几年，江苏绿陵集团研制出新型水稻专用药肥，田间试验结果表明，该产品能有效控制杂草滋生，并且防治杂草效果在98%以上，又可使产量结构等因素协调发展，有利于杂草清除及产量提高，效果显著；通过与相同栽培条件下施用等量复肥+药剂相比，该产品可增产3.52%，增值近1 020元/公顷，经济效益较好[37]。

由于我国药肥产业发展滞后，目前市场上仅有30多种药肥产品已进行登记，而美国已登记的药肥产品有200多种；并且我国药肥产品仍以水稻除草药肥为主，技术尚不成熟；同时，在杀虫防病功能的药肥产品种类、数量方面缺口较大。因此，我国药肥市场潜力巨大[38]。

从2015年开始，我国全面实施化肥和农药使用量零增长行动方案，开启了我国对肥料、农药减量行动的积极探索。开发药肥产品成为践行这一方案的有效途径，是提高我国农业整体水平、改善农民田间作业劳动的有效途径之一。

药肥是规模化现代农业发展趋势下针对水肥药"一体化"最好的解决方案。我国药肥研究起步晚发展快，有着多元化的发展趋势。加强药肥产品的研究、加快药肥标准的设立、加强市场监管显得尤为重要。当前，过度施用农药与化肥导致农业生产率低以及环境污染等诸多问题，而药肥的发展对于解决这些问题具有很好的推动作用。因此，包膜药肥、生物药肥与天然生物刺激素类药肥等新兴环保、高效、功能型药肥产品，将在化肥"零"增长、家庭农场化、倡导规模化农业等政策的引导下蓬勃发展。

第三节　植物免疫类产品

有虫治虫，有病治病，大多数农药控制作物病虫害都是以直接杀死或抑制病虫为目标。而今，一种新型植物免疫诱抗类产品陆续被研发并投入使用，其对农作物病原菌没有直接的杀灭作用，而是通过激活植物的免疫系统并调节植物的新陈代谢，从而增强植物的抗病性和抗逆能力，因此被形象地称为"植物疫苗"。这开辟了植物保护的新思路、新途径，对农药减量和病虫害绿色防控也有着积极的意义。

国内外大量研究表明，植物免疫诱抗剂具有提高农作物抗性和有效防控农作物病害的能力。2002年，*Nature*杂志报道植物本身存在有效的保护机制，可帮助植物抵抗细菌和霉菌的侵染[1]；同年，美国麻萨诸赛州总医院分子生物部 Jen Sheen 博士[2]也发现了能使植物对致病菌产生抗性的途径。2006年，美国科学家在*Nature*上发表论文提出了"植物免疫系统"的概念[3]。2007年，德国科学家在*Science*上发文指出，自然界中的植物具有特殊的可以识别细菌、病毒和霉菌等微生物入侵的免疫传感器[4]；同年，美国康奈尔大学植物研究所确定了植物免疫响应过程中的一个关键信号——水杨酸甲酯（Methyl salicylate）[5]。据了解，目前国内也有较多研究免疫激活剂典型产品包括天然赤霉素、芸苔素内酯、氨基寡糖素、壳聚糖等。其中，氨基寡糖素登记产品54个，芸苔素内酯登记产品40个，逐步成为农药行业的登记热点。氨基寡糖素和芸苔素内酯基本上以水基化制剂为主，符合绿色农药的发展方向。

针对茶树、果树、水稻、中药、烟草等作物，由中国工程院院士、贵州大学副校长宋宝安团队研究的创新产品如毒氟磷、香草缩醛、海岛素，是当前较好的免疫诱抗剂，对抗病、抗逆、增产和改善品质有较好的作用及应用前景。相关专家指出，苯并噻二唑（BTH）是最早也是最传统的诱抗剂，国内自主创制产品还包括毒氟磷、阿泰灵等。异噻菌胺在日本登记，主要用于水稻的病害防治。从国内的很多相关试验来看，植物诱抗剂没有直接的杀菌活性，病菌不易对其产生抗药性，而且防治谱非常广，也可与化学药剂混用，达到增效或治理抗性的目的。除了现有的一些诱抗剂以外，目前市场上已登记的一些杀菌剂产品同样具有诱导抗病的功能。例如吡唑醚菌酯，一方面能够杀灭病菌，另一方面也能够诱导植物产生抗病性，在欧洲按照植物健康类药剂进行登记。

上述研究结果已经明确了植物的这种免疫系统由两级免疫传感器组成：第一级是植物细胞表面可以针对不同微生物的入侵，促使植物细胞分泌出具有抵抗功能的调节蛋白；第二级是植物细胞内本身就存在的特殊抗体蛋白，可以与植物细胞的分泌物一起抵御病原微生物的入侵[6-8]。研究表明，蛋白激发子PeaT1和Hrip1能提高植物体内相关防卫基因的表达，诱导植物产生抗逆反应，提高多种作物的产量和品质[9]。后续又有大量研究表明，植物免疫激活蛋白能够提高作物的抗性，从而提高产量和品质，如邱德文等[10]研究表明，植物免疫激活蛋白能够促进白菜生长发育并提高白菜品质。

当前，中国农业仍然面临着病虫害防治任务重和农药使用减量的双重压力。市场上的农药产品同质化严重、结构不合理，主要的减量措施以非农药措施为主，缺乏高效低毒的农药产品。植物免疫激活剂改变了传统农药的使用观念和方法，符合植保"预防为主、综合防治"的方针，业内人士一致认为，植物免疫激活剂有着巨大的发展潜力和市场前景。

第四节　AMEP蛋白植物疫苗

新型蛋白激发子AMEP是由作者领衔的黑龙江八一农垦大学植物免疫团队从枯草芽孢杆菌中分离鉴定的一种全新的蛋白激发子。该蛋白激发子由76个氨基酸组成，分子量为8.36 kD，富含赖氨酸和亮氨酸等疏水氨基酸，其17～36位氨基酸被预测为跨膜结构域。AMEP的二级结构主要由α螺旋组成，以多聚体形式稳定存在于水性溶液中，且具有良好的热稳定性。实验表明，AMEP能够有效引起烟草叶片的过敏反应（Hypersensitive Response，HR），造成活性氧（Reactive Oxygen Species，ROS）积累和提高抗逆相关蛋白酶表达等早期防卫反应。AMEP处理能够诱发烟草的系统获得抗性，减轻病原菌引发的病害症状。

传统的蛋白激发子功能局限在激发植物免疫方面，即便有对病原菌和病虫害的防治功能也是通过提高植物自身抗性间接实现。本团队前期研究发现，AMEP可直接作用于病原菌和病虫，具有对部分病原菌（疮痂链霉菌等）的抗性和对有害昆虫（白粉虱等）的杀伤活性。这意味着AMEP能够从激发植物免疫、拮抗病原菌和杀伤害虫等多方面综合对植物健康生长起到促进作用，这样的多重功能在已报道的蛋白激发子中尚不多见。AMEP在枯草芽孢杆菌发酵液中具有很高的表达水平（约3 mg/mL），不需要重组表达，可直接开发为蛋白类生物农药制剂。此外，AMEP的来源为枯草芽孢杆菌，其发酵液中含有大量抗菌物质，并且能够有效保留至成品制剂，进一步增强制剂的生防效果。

与国内外同类产品相比，AMEP蛋白免疫激活剂具有以下技术优势：

（1）快速高效。AMEP蛋白激发植物免疫具有快速高效的特点。实验证据显示，AMEP蛋白在低浓度下即可有效诱导植物产生明显的过敏反应，而其他同类产品的症状并不明显。此外，AMEP蛋白作用于植物1 d后即可出现抗性的提升，而其他同类产品则需要5～10 d才使植物表现出抗性提升。

（2）功能多样化。除了激活植物免疫的功能外，AMEP蛋白还具备拮抗植物病原菌、杀伤有害昆虫的多重功能，这是其他同类产品所不具备的。这些功能从不同方面保证了植物的健康生长。

（3）环境无污染。AMEP植物免疫激活剂是基于全新蛋白开发的新型生物农药，加入部分微量元素，对环境无污染，符合绿色发展策略。

一直以来，国内一直都使用治疗性农药进行作物的防和治，导致农药的过量使用，影响环境和农产品的安全。国家政策出台政策鼓励绿色生态种植，减少传统化学农药的使用，大力推广绿色生防制剂。AMEP植物疫苗主要针对目标市场为农作物生产中化学农药的替代品，尤其适用于黑龙江省大面积的农作物种植，也适用大庆市一些经济作物的生产环节，如棚室种植和药材种植。市场规模预计在50亿左右，随着国家政策的支持，该市场还将迅速增长。

作为绿色种植技术规程中的关键一环，AMEP植物疫苗及可以减少化肥、农药的使用量，增强作物的抗性，提高最终产量和品质，全面提升农产品质量安全和市场竞争力。AMEP植物疫苗的发展将助力我国农业生产与资源环境保护统筹发展，响应"两减一增"和"黑土地保护"政策号召，建设绿色粮仓、绿色菜园、绿色厨房，有效保障农产品质量安全和农业环境安全。

参考文献

[1] Asai T，Tena G，Plotnikova J，et al. MAP kinase signalling cascade in Arabidopsis innate immunity[J]. Nature，2002，415(6875): 977–83.

[2] Sheen J. Researchers discover mechanism of plant resistance to pathogens[EB/OL]. nsf. gov/od/lpa/news/02/prO215.htm，2002.

[3] Jones Jonathan D G，Dangl Jeffery L. The plant immune system[J].Nature，2006，444(7117): 323–9.

[4] Shen Q H，Saijo Y，Mauch S，et al. Nuclear Activity of MLA Immune Receptors Links Isolate–Specific and Basal Disease–Resistance Responses[J]. Science，2007，315(5815): 1098–1103.

[5] Park S W，Kaimoyo E，Kumar D，et al. Methyl Salicylate Is a Critical Mobile Signal for Plant Systemic Acquired Resistance[J].Science，2007，318(5847): 113–116.

[6] 丁伟，刘颖.植物医学的新概念——免疫调控[J].植物医生，2019，32(05): 1–8.

[7] 佚名.植物免疫研究领域有重大突破[J]. 新农村，2019(06): 56.

[8] 王喆，王璐，宋旭明，等.植物油菜素内酯信号通路与植物免疫相关研究进展[J]. 安徽农业科学，2019，47(04): 26–29+33.

[9] Mao J，Liu Q，Yang X，et al. Purification and expression of a protein elicitor from Alternaria tenuissima and elicitor-mediated defence responses in tobacco[J]. Annals of Applied Biology，2010，156(3): 411–420.

[10] 邱德文，杨秀芬，刘峥，等. 植物激活蛋白对白菜生长及品质的影响[C]// 第三届全国绿色环保农药新技术、新产品交流会暨第二届全国生

物农药研讨会论文集. 北京: 2004: 339–343.

[11] 刘长令.生物农药的现状与发展趋势[J]. 农药科学与管理，2002，23 (3): 29–34.

[12] 涂玉琴.生物农药的研究和应用进展[J]. 江西植保，1998，21 (4): 32–35.

[13] 赵继红，李建中.农用微生物杀菌剂研究进展[J].农药，2003，42 (5): 6–8.

[14] 杨润亚，吴文君.库斯塔克素（Kurstakins）–类自Bt中分离出的具杀菌活性的新型脂肽[J]. 世界农药，2001，23 (4): 37–38.

[15] 吴健胜，梁晶丹，王金生.细菌素Echcin防治作物真菌病害、细菌病害的研究[J]. 植物病理学报，1999，29 (2): 104–109.

[16] 马德钦，王慧敏.果树根癌病及其生物防治[J].中国果树，1995(2): 42–44.

[17] 顾真荣，马承铸，韩长安.枯草芽孢杆菌G3防治植病盆栽试验[J].上海农业学报，2002，18 (1): 77–80.

[18] Jasim B，Sreelakshmi K S，Mathew J，et al. An effective biofungicide with novel modesofaction[J]. Pesticide Outlook，2002，13 (5): 193–194.

[19] Liane Stocky. Formulating new options[J]. American Fruit Grower，2000，120 (5): 11–14.

[20] Klie T，Schmidt R. Diseasemanagement:Fireblight's destructive path[J]. American Fruit Grower，2001，121 (3): 11–16.

[21] Eisberg N. Agraquest's Sonatanears US market[J]. AGROW World Crop Protection News，2003(427): 22.

[22] Kanchalee，Fowler，Willian D，et al. Broad spectrum protection against several pathogens by PGPR mixtures underfield conditionsin Thailand[J]. Plant Disease，2003，87(11): 1390–1394.

[23] Wang S L，Shih I L，Wang C H，et al. Production of antifungal compounds from chitinby Bacillus subtilis[J]. Enzyme and Microbial Technology，2002，31 (3): 321–328.

[24] Nagdy，Abdel–Baky F，Khalid，et al. EUSCP backs BioAgribiofungicide[J]. Agrow World Crop Protection News，2002(393): 8.

[25] Zhou T，Chu C L，Liu W T，et al. Post harvest control of blue moldandgray mold onapplesusing isolates of Pseudomonassy ringae[J]. Canadian Journal of

Plant Pathology，2001，23 (3): 246–252.

[26] Janisiewicz W J, Jeffers S N. Efficacy of commercial for mulationoftwobiofungicides for control of blue moldand gray moldofapples in coldstorage[J]. CropProtection，1997，16(7): 629–633.

[27] Johnson H B. Commercial use of aspire TM for the control of post harvest decay of Citrus fruit in the packing houses[J].Proceeding soft the International Society of Citriculture，1996(2): 1174–1177.

[28] 高仁恒，刘杏忠，裘维蕃.根结线虫的生物防治简介[J].贵州农学院学报，1996，15(2) :51–55.

[29] Elad Y，Kapat A. The Role of Trichoderma harzianum Protease in the Biocontrol of Botrytis cinerea [J].European Journal of Plant Pathology，1999，105: 177–189.

[30] Quarles W. Microbial fungicides and fertilizers for turfgrass[J]. IPM Practitioner，2000，22 (8): 8–12.

[31] Caron J，Laverdi è re L，Thibodeau P O，et al. Use of an indigenous strain of Trichoderma harzianum against five plant pathogens on greenhouse cucumber and tomato in Qu é bec[J]. Phytoprotection，2002，83 (2): 73–87.

[32] 张兴. 试论无公害农药[J].中国农学通报，1996，12 (5): 6–9.

[33] 沈建国，翟梅枝，林奇英，等.我国植物源农药研究进展[J].福建农林大学学报(自然科学版)，2002，31 (1): 26–31.

[34] 慕康国，张文吉，李建强，等.农药与肥料相互作用的研究与实践[J].世界农业，2000 (4) :39–41.

[35] 刘晓旭，侯志广，吴敬慧，等.嘧菌酯水解动力学研究[J].农业环境科学学报，2012 (8) :1603–1607.

[36] 纪明山. 生物农药手册[M].北京:化学工业出版社，2012.

[37] 邱德文. 蛋白质生物农药[M].北京:科学出版社，2010.

[38] 温志强，黄必旺，吴小平.无机化学添加剂与Bt混合对小菜蛾杀虫效果的影响[J]. 福建农业大学学报，1999 (3) :315–318.

[39] 申继忠，钱传范.苏云金杆菌杀虫剂增效途径研究进展[J].生物防治通报，1994 (3) :40–45.

[40] 翟兴礼，杨霞. Bt与无机物添加剂混合对菜青虫杀虫效果的研究[J].河南农业科学，2005 (7) :57–59.

[41] 王明道，杨成运，吴云汉，等.化学添加剂对Bt防治棉铃虫的增效作用[J]. 河南农业科学，2003 (5) :25–27.

[42] 张兴，马志卿，冯俊涛，等.植物源农药研究进展[J].中国生物防治学报，2015(5) :685–698.

[43] 毕军，夏光利，毕研文，等.植物源药肥的研究及开发应用前景[J].中国农学通报，2005 (3) :272–274.

[44] 韩学俭.温室黄瓜根结线虫病及防治[J]. 农村实用工程技术，2003 (5) :15.

[45] 谢文闻.药肥对河南温室黄瓜根际植物线虫及其他营养类群的影响[D].北京:中国农业大学，2005.

[46] 姚红杰，王景华，郭平毅.除草药肥的研究进展[J].山西农业大学学报，2001(3): 308–309.

[47] 郭国平，徐玮，李建军，等.水稻专用药肥应用效果[J].磷肥与复肥，2012(2): 79–80.

[48] 李国平，宗伏霖，刘绍仁，等.药肥问题调研与分析[J].农药科学与管理，2015(1): 3–7.

第二章

AMEP植物疫苗的产品成型

为了节省施用环节的成本，AMEP蛋白制剂在应用时应考虑与叶面肥混用，是现阶段药肥一体化的趋势。然而，从蛋白到生物制剂仍然具有一段距离，我们要考虑蛋白质分子在制备和施用环节中活性是否能够一直保持。由于AMEP蛋白是以多聚体形式存在，其与细胞膜的作用是否依赖于多聚体，AMEP蛋白制剂在产品定型过程中的添加辅剂对AMEP蛋白多聚体及活性是否有影响仍有待研究。

第一节　产品辅剂的确定

一、各种辅剂对蛋白活性影响研究进展

（一）硫酸亚铁对蛋白活性的影响

近年来，金属离子对蛋白聚合的研究越来越多。如Phan-Xuan等人[1]

在对牛乳中β-乳球蛋白的研究中提出铁离子参与β-乳球蛋白聚合有三种可能：第一种，二价阳离子与邻近的带负电的基团或羧基结合形成"蛋白-Fe-蛋白"聚合体；第二种，金属离子的加入，降低蛋白分子间的静电斥力，促进其聚合；第三种，金属离子诱导蛋白分子结构的改变，分子间的疏水相互作用随之改变，诱导分子间聚合[2]。

谢秀玲[3]发现不同离子浓度会诱导蛋白质形成不同聚合物。当蛋白与金属离子的摩尔比是1:1时，聚合作用最强，二聚体含量最多。有研究报道，1个蛋白分子含有1个游离的巯基，当巯基氧化后，可结合1个金属离子，金属离子进而催化其形成聚合体[4]。因此，1:1是最佳的金属离子和蛋白的摩尔比。

（二）尿素对蛋白活性的影响

尿素是叶面肥中的主要成分之一，不仅能够快速为植物提供氮源，还对表皮细胞的角质层有软化作用，有助于肥料吸收[5-6]。此外，尿素也是一种极性分子，是一种强力的蛋白质变性剂，它能改变蛋白质分子的空间结构，使蛋白质变性[7-10]。张忠慧[10]等人进行了大豆分离蛋白与低浓度尿素相互作用的红外光谱分析。结果表明，溶解在不同浓度尿素溶液中的大豆分离蛋白的二级结构与大豆分离蛋白的水溶液相比发生了很大的变化，在0.1 mol/L尿素溶液中大豆分离蛋白中的β-折叠的含量最小，随着尿素浓度的增加，β-折叠的含量增加，无规卷曲的含量在0.1 mol/L尿素溶液中达到最大，之后随尿素浓度增加而降低，α-螺旋和β-转角随着尿素浓度的增加，其含量都是呈现先增加后下降的趋势。这项研究表明尿素对蛋白的变性产生极大的影响。

因此，在AMEP蛋白与叶面肥混用过程中，尿素对蛋白质变性的影响必须要重点考虑，以确保AMEP蛋白的功能活性不受影响。

（三）pH对蛋白功能活性的影响

由于在使用生物农药的过程中，人们为了提高利用率，需要测定各种因素对某种生物农药的最适值。很多研究发现pH能改变蛋白质的酶活性、带电状态、二级结构等，比如有研究表明在不同的pH条件下，可以使氨基酸表面带有相应的电荷，且氨基酸与水分子的结合增加，从而逐渐增加蛋白质的溶解度。在碱性条件下，肽键断裂会影响大豆蛋白质的空间结构，从而导致高级结构改变。研究发现，在酸和碱过多的条件下，蛋白质的溶解度会随之增强，但其理化性质也会发生显著的变化；有多项研究发现pH对蛋白的溶解性和乳化性等功能特性具有显著的影响[11-13]。

韩敏义等[14]所研究的pH对肌原纤维蛋白质的影响表明，蛋白质溶液的pH密切影响蛋白质所带电荷的多少，pH增加时，蛋白质所带的负电荷跟着会增加。郭延娜等[15]研究提到，当pH在5.0～5.5时，由于pH接近等电点的蛋白质不带电或者带电很少，所以蛋白质的疏水性基团就会暴露在外面，当pH在6.0～7.0时，蛋白质的结构没有发生明显的变化。

（四）有机硅对蛋白功能活性的影响

在农药喷施时，如果制剂水性太强则会在植物叶片表面形成液滴，不利于药剂与植物表面的结合作用。添加表面活性剂如有机硅，可以扩大农药雾滴的覆盖面积和缩短雾滴的蒸发时间，可提高农药的施药效率[16]。有机硅主要用于农药、除草剂、生长调节剂和叶面肥等的助剂[17]，改善药液在植物叶面或防治对象表面上的分布、附着、渗透等[18]。在以往的实验中发现蛋白质在表面活性剂中可以保持活性[19]。

宋熙熙等[20]的研究中发现表面活性剂与蛋白质能够相互作用，而且这种相互作用非常复杂，可以导致蛋白质的构象变化甚至导致蛋白质变性。蛋白质与表面活性剂在很广的范围内都可以相互作用，而且它们的互作是随着表面活性剂的浓度变化而变化[21]。Dickinson[22-24]提出了关于蛋白质与表面活性剂混合互作的界面吸附的两种机理，即增溶机理和置换机理。增溶机理是表面活性剂与表面上分散着难溶的蛋白质分子接处同时相互作用形成蛋白质以及表面活性剂的复合物，使蛋白质分子变得易溶。置换机理是由于存在于分散着的蛋白质被表面活性剂置换了下来，同时表面活性剂还非常牢固地吸附于表面。所以有机硅表面活性剂在低浓度时不会对其结构产生明显的改变，而浓度过高时则会破坏蛋白的多聚体的状态，从而导致它失去过敏反应活性，而且有机硅表面活性剂因其特殊的分子结构还可以改善蛋白在植物叶面上的分布、附着、渗透等。

（五）磷酸二氢钾对蛋白活性的影响

钾离子是植物体内含量比较丰富的元素，根据李秋杰等人[25]的研究发现，在对大豆蛋白添加不同浓度的钾离子时，其结果显示，0.2 mol/L、0.4 mol/L、0.6 mol/L、0.8 mol/L和1.2 mol/L 的K^+分别使大豆蛋白的泡沫稳定性提高了22.4%、33.1%、14.3%、12.4%、21.5%，这可能与钾离子所带的电荷数及其核外电子分布有关。当钾离子浓度较高时，钾离子中和蛋白质表面所带电荷，从而使其电荷屏蔽[26]。当钾离子浓度较低时，其蛋白的稳定性得以提高，可能由于蛋白质之间的交互作用，形成了较好的黏弹性的膜，从而提高了泡沫的稳定性[27]。

因此，在AMEP蛋白应用工程过程中也需考虑其添加磷酸二氢钾的浓度，以避免对其结构和功能产生影响。

（六）硫酸锌对蛋白活性的影响

近年来，金属离子对牛乳中β-乳球蛋白聚合的研究越来越多。尤其是对于锌离子的研究最多，如Giovanna等[27]探讨了锌离子对β-乳球蛋白 A 亚型聚合的影响。其研究成果表明，在pH中性的条件下，锌离子可以在较短的时间内形成蛋白多聚体，可能由于二价阳离子与临近的带负电的基团或羧基结合形成聚合体。Stirpe等[29]分析，锌离子主要是改变β-乳球蛋白结构，促进聚合。Navarra等[29]也认为锌离子是通过改变β-乳球蛋白的构象导致聚合的，从而使其蛋白结构更加稳定。

赵又佼等人[28]研究发现，锌离子不仅能够参与蛋白折叠、改变蛋白构象、催化蛋白活性等，还可以用作信使来调节细胞信号传导。虽然很久之前就有研究者提出锌离子是如何进行转运蛋白及改变蛋白的构象及其功能活性，但仍然有很多问题待需要深入解答。

（七）硫酸铜对蛋白活性的影响

MuhamMad等[41]研究发现，金属离子对β-乳球蛋白聚合物的影响最显著。其中，铜离子对该聚合物的影响最显著。根据研究结果，铜离子可以使蛋白聚合物的溶解度明显降低，同时，一样的条件下铜离子易形成分子量大的高聚物和二聚体；通过对β-乳球蛋白聚合物的二硫键的鉴定还发现，铜离子诱导的乳球蛋白聚合物中二聚体有二硫键和非二硫键共同作用。由此可以猜测铜离子可以催化该蛋白的聚合作用，从而短时间内形成大量的聚合物，从而调节蛋白的活性。

谢秀玲[3]研究发现，通过红外光谱检测β-乳球蛋白聚合物的二级结构，研究发现经过热处理蛋白后，加入离子后的α-螺旋和无规卷曲没有显著变化，但β-折叠含量增加，β-转角降低。但不加离子的二级结构有相反的变化趋势，由此说明加入离子后有助于保护蛋白结构的稳定性，进而维持其活性。

二、各种辅剂用量的梯度设置

在前期预实验中，我们通过加入硫酸亚铁、有机硅对AMEP蛋白活性有一定的提高后，进而尝试添加辅助成分提高其功能活性。

通过查阅相关资料，了解不同辅助成分的添加量（见表2.1），按照此标准设置不同浓度的含有辅助成分的AMEP蛋白混合溶液，以相同浓度的辅助成分作为对照，使用1 mL注射器将上述不同浓度的含有辅助分子的AMEP蛋白混合溶液从烟草叶片背面渗透到叶片中，24 h后观察枯斑大小，以此快速筛选出各辅助成分的最适宜浓度。

表2.1　辅剂中各微量元素的用量梯度设置

辅剂种类	低浓度	中浓度	高浓度
硫酸亚铁	0.1 g/L	1 g/L	10 g/L
尿素	0.05 g/L	0.5 g/L	5 g/L
硫酸铜	0.005 g/L	0.05 g/L	0.5 g/L
硫酸锌	0.01 g/L	0.1 g/L	1 g/L
硫酸锰	0.01 g/L	0.1 g/L	1 g/L
磷酸二氢钾	0.02 g/L	0.2 g/L	2 g/L
硼酸	0.02 g/L	0.2 g/L	2 g/L
钼酸钠	0.01 g/L	0.1 g/L	1 g/L

三、各辅剂对蛋白活性的影响

（一）Fe^{2+}对AMEP蛋白活性的影响

在本实验中，我们通过设置Fe^{2+}的浓度梯度，对AMEP蛋白的聚合度进行了调整。如图2.1所示，当铁离子浓度分别为0 mg/mL（对照）、0.02 mg/mL（低浓度）、0.2 mg/mL（中浓度）、2 mg/mL（高浓度）时，由此可以判断，结果显示低浓度Fe^{2+}组的透明圈最大，说明此区域的过敏反应最强烈，即含该浓度Fe^{2+}的AMEP蛋白活性最强；而高浓度组的透明圈比不加入Fe^{2+}的对照组还小，即说明该区域过敏反应较对照组弱，即高浓度的Fe^{2+}能抑制AMEP蛋白活性。

（二）尿素对AMEP蛋白活性的影响

以AMEP使烟草叶片发生过敏反应程度为参考指标，向烟草叶片注射不同浓度尿素与AMEP的混合溶液，从而确定尿素对AMEP活性的影响。本次试验分别用0.05 mg/mL、0.5 mg/mL、5 mg/mL的尿素与AMEP蛋白混合,通过无针注射器注射到烟草叶片背面,相同尿素浓度溶液作为对照组,24 h后观察结果。从图2.2可以看出加入3个尿素浓度的AMEP均可使烟草叶片产生过敏反应,同等浓度尿素溶液的处理没有产生过敏反应。在本试验所设置的3个尿素浓度中,尿素浓度在0.05 mg/mL浓度范围内使烟草叶片发生过敏反应的效果最好。以0.5 mg/mL尿素浓度为起始,随着尿素浓度的增加,过敏反应程度逐渐减弱。

图2.1 硫酸亚铁处理AMEP蛋白诱导烟草叶片过敏反应

图2.2 尿素处理AMEP蛋白后的烟草叶片过敏反应

（三）pH对AMEP蛋白活性的影响

以烟草叶片发生编程性死亡为参考指标，使用不同pH的AMEP蛋白溶液，通过过敏反应对其结果进行观察，从而确定AMEP蛋白生理活性的变化。

本次实验分别用pH为10、9、8、7、6、5的AMEP蛋白溶液，通过无针注射器注射，将溶液渗透到烟草中得到如图2.3所示结果。从图2.3可以看出AMEP蛋白在pH为7～8时对烟草过敏反应的活性最好。

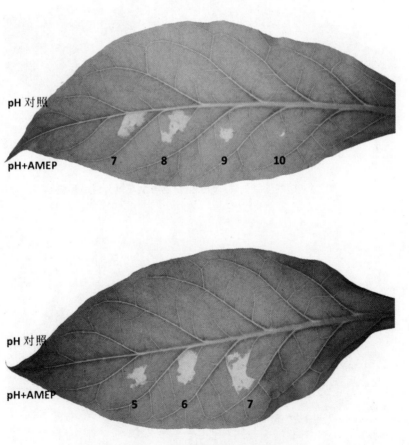

图2.3   pH对AMEP蛋白产生过敏反应的影响

（四）磷酸二氢钾对AMEP蛋白活性的影响

以AMEP使烟草叶片发生过敏反应程度为参考指标，向烟草叶片注射不同浓度磷酸二氢钾与AMEP的混合溶液，从而确定磷酸二氢钾对AMEP活性的影响。本次试验分别用0.02 mg/mL、0.2 mg/mL、2 mg/mL的磷酸二氢钾与AMEP蛋白混合，通过无针注射器注射到烟草叶片背面，相同磷酸二氢钾浓度溶液作为对照组，24 h后观察结果。从图2.4可以看出加入3个磷酸二氢钾浓度的AMEP均可对蛋白溶液活性产生抑制作用。因此，AMEP蛋白在喷施的过程中，应避免添加磷酸二氢钾溶液。

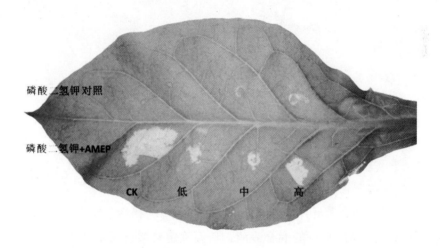

图2.4　磷酸二氢钾对AMEP蛋白产生过敏反应的影响

（五）硫酸锌对AMEP蛋白活性的影响

以AMEP使烟草叶片发生过敏反应程度为参考指标，向烟草叶片注射不同浓度硫酸锌与AMEP的混合溶液，从而确定硫酸锌对AMEP活性的影响。本次试验分别用0.01 mg/mL、0.1 mg/mL、1 mg/mL的硫酸锌与AMEP蛋白混合，通过无针注射器注射到烟草叶片背面，相同硫酸锌浓度溶液作为对照组，24 h后观察结果。从图2.5可以看出在本试验所设置的3个硫酸锌浓度中，硫酸锌浓度在0.01～0.1 mg/mL浓度范围内使烟草叶片发生过敏反应的效果最好。以1 mg/mL硫酸锌浓度为起始,随着硫酸锌浓度的增加,过敏反应程度逐渐减弱。

图2.5　硫酸锌对AMEP蛋白产生过敏反应的影响

（六）硫酸铜对AMEP蛋白活性的影响

以AMEP使烟草叶片发生过敏反应程度为参考指标,向烟草叶片注射不同浓度硫酸铜与AMEP的混合溶液,从而确定硫酸铜对AMEP活性的影响。本次试验分别用0.005 mg/mL、0.05 mg/mL、0.5 mg/mL的硫酸铜与AMEP蛋白混合,通过无针注射器注射到烟草叶片背面,相同硫酸铜浓度溶液作为对照组,24 h后观察结果。从图2.6可以看出在本试验所设置的3个硫酸铜浓度中,硫酸铜浓度在0.005 mg/mL浓度范围内使烟草叶片发生过敏反应的效果最好。以0.05 mg/mL硫酸铜浓度为起始,随着硫酸铜浓度的增加,过敏反应程度逐渐减弱。

（七）硼酸对AMEP蛋白活性的影响

以AMEP使烟草叶片发生过敏反应程度为参考指标,向烟草叶片注射不同浓度硼酸与AMEP的混合溶液，从而确定硼酸对AMEP活性的影响。本次试验分别用0.02 mg/mL、0.2 mg/mL、2 mg/mL的硼酸与AMEP蛋白混合，通过无针注射器注射到烟草叶片背面，相同硼酸浓度溶液作为对照组，24 h后观察结果。从图2.7可以看出在本试验所设置的3个硼酸浓度中，硼酸浓度在0.2～2 mg/mL浓度范围内使烟草叶片发生过敏反应的效果最好。低浓度硼酸对AMEP蛋白活性影响不大，因此，AMEP蛋白在喷施过程中添加硼酸的浓度最好在0.2～2 mg/mL范围内。

图2.6　硫酸铜对AMEP蛋白产生过敏反应的影响

图2.7　硼酸对AMEP蛋白产生过敏反应的影响

（八）硫酸锰对AMEP蛋白活性的影响

以AMEP使烟草叶片发生过敏反应程度为参考指标，向烟草叶片注射不同浓度硫酸锰与AMEP的混合溶液，从而确定硫酸锰对AMEP活性的影响。本次试验分别用0.01 mg/mL、0.1 mg/mL、1 mg/mL的硫酸锰与AMEP蛋白混合，通过无针注射器注射到烟草叶片背面，相同硫酸锰浓度溶液作为对照组，24 h后观察结果。从图2.8可以看出在本试验所设置的3个硫酸锰浓度中，硫酸锰浓度在0.01 mg/mL浓度范围内使烟草叶片发生过敏反应的效果最好。以0.1 mg/mL硫酸铜浓度为起始，随着硫酸锰浓度的增加，过敏反应程度逐渐减弱。

图2.8　硫酸锰对AMEP蛋白产生过敏反应的影响

（九）钼酸钠对AMEP蛋白活性的影响

以AMEP使烟草叶片发生过敏反应程度为参考指标，向烟草叶片注射不同浓度钼酸钠与AMEP的混合溶液，从而确定钼酸钠对AMEP溶液活性的影响。本次试验分别用0.005 mg/mL、0.05 mg/mL、0.5 mg/mL的钼酸钠与AMEP蛋白混合，通过无针注射器注射到烟草叶片背面，相同钼酸钠浓度溶液作为对照组，24 h后观察结果。从图2.9可以看出在本试验所设置的3个钼酸钠浓度中，钼酸钠浓度在0.005 mg/mL浓度范围内使烟草叶片发生过敏反应的效果最好。以0.05 mg/mL钼酸钠浓度为起始，随着钼酸钠浓度的增加，过敏反应程度逐渐减弱。

图2.9　钼酸钠对AMEP蛋白产生过敏反应的影响

（十）添加上述不同辅助分子对AMEP蛋白活性的影响

以AMEP蛋白使烟草叶片发生过敏反应程度为参考指标，向烟草叶片注射不同浓度的离子与AMEP的混合溶液，从而确定最适宜AMEP蛋白活性的离子浓度。本次实验分别采用0.1、0.2、0.4倍最适蛋白的混合离子与AMEP蛋白混合，通过无针注射器注射到烟草叶片背面，相同离子浓度溶液作为对照组，24 h后观察结果。从图2.10可以看出在本试验所设置的3个离子浓度中，辅剂浓度在0.2倍浓度范围内使烟草叶片发生过敏反应的效果最好。以0.2倍离子浓度为起始，随着离子浓度的增加，过敏反应程度逐渐减弱。

图2.10　添加上述辅助分子适宜浓度对AMEP蛋白活性的影响

四、辅剂配方的确定

（一）过敏反应引起的枯斑大小统计

过敏反应引起的枯斑大小统计如表2.2所示。

表2.2　过敏反应引起的枯斑大小统计

种类	对照	低浓度	中浓度	高浓度
AMEP+硫酸亚铁	0.27 ± 0.02b	0.32 ± 0.05a	0.27 ± 0.01b	0.13 ± 0.03c
AMEP+尿素	0.30 ± 0.009a	0.32 ± 0.06a	0.14 ± 0.05b	0.08 ± 0.015c
AMEP+磷酸二氢钾	0.4 ± 0.02a	0.08 ± 0.06b	0.07 ± 0.02b	0.06 ± 0.05b
AMEP+硫酸铜	0.33 ± 0.02b	0.39 ± 0.04a	0.21 ± 0.02c	0.29 ± 0.04b
AMEP+硫酸锌	0.36 ± 0.04ab	0.4 ± 0.03a	0.27 ± 0.02c	0.3 ± 0.04bc
AMEP+硫酸锰	0.23 ± 0.02b	0.34 ± 0.03a	0.26 ± 0.01b	0.13 ± 0.02c
AMEP+硼酸	0.23 ± 0.02c	0.21 ± 0.01c	0.33 ± 0.02a	0.29 ± 0.02b
AMEP+钼酸钠	0.38 ± 0.015b	0.43 ± 0.02a	0.37 ± 0.015b	0.35 ± 0.04b

（二）辅剂配方组合优化确定

在单离子浓度筛选的基础上，我们将各种离子按照最优浓度进行混合后，再次测试活性，最终确定了最终的辅剂配方，具体各元素浓度见表2.3。

表2.3　AMEP蛋白与辅剂的配方组合优化

添加辅助因子	浓度
尿素	0.05 g/L
硫酸亚铁	0.06 g/L
硫酸铜	0.005 g/L
硫酸锰	0.01 g/L
硼酸	0.2 g/L
硫酸锌 钼酸钠	0.05 g/L 0.005 g/L

五、结论

以AMEP蛋白引起过敏反应的活性为指标，本实验研究了多种化合物和试剂对蛋白功能活性的影响。最终确定在每吨发酵液中加入的添加剂为：硼砂30 kg、硫酸亚铁15 kg、硫酸锌15 kg、硫酸锰1.5 kg、钼酸钠 1.5 kg、硫酸铜1.5 kg、尿素7.5 kg。最终确定发酵产物的工作稀释倍数为1∶60，每吨发酵液满足4 000亩大豆施用。该结果说明合理的控制离子浓度可以增强AMEP蛋白的活性，为今后AMEP蛋白的应用提供基础资料。

第二节 产品与辅剂的效果

一、盆栽实验

（一）实验设计

本试验以不耐旱大豆品种绥农26为试验材料，分别在黑龙江八一农垦大学生物中心实验室进行盆栽实验。挑选大小均一、饱满的种子进行播种，覆盖相同土壤。播种于土培培养器（直径15 cm、高13 cm），扎浅穴播种，于播种前一天用自来水将土盆浇透，次日选取饱满一致的大豆种子9粒播种，然后覆盖相同土壤，子叶期定苗，每盆保苗5株。

本试验苗期处理在大豆植株真叶期开始。选择均匀一致的材料进行如下处理：

分别在大豆V1期设置喷施蒸馏水处理、喷施辅剂+干旱胁迫处理、喷施AMEP蛋白、喷施AMEP蛋白+辅剂+干旱胁迫处理。喷施后干旱胁迫的第1、

3、5天进行取样，与干旱胁迫处理复水后的第1、3、5天再次取样。

（二）试验测定指标及方法

（1）表型指标测定。统计地上部和地下部鲜干重、株高、根长每个处理测量选取3盆。

（2）抗氧化酶活性的测定。超氧化物歧化酶（SOD）活性，过氧化物酶（POD）活性，过氧化氢酶（CAT）活性，抗坏血酸过氧化物酶（APX）活性参照李合生测定。

（3）主要渗透调节物质测定。可溶性糖含量测定参照张志良测定，可溶性蛋白含量采用考马斯亮蓝 G–250 染色法测定。

（4）膜脂过氧化物质测定。丙二醛采用硫代巴比妥酸法（TBA）测定；用电导率仪（DDS–307）测量相对电导率；H_2O_2含量参照刘俊方法测定；超氧阴离子产生速率参考李婷方法测定；根系活力的测定使用TTC法，参考邹京南等；游离脯氨酸含量采用酸性茚三酮比色法测定。

（5）光合指标测定。于取样当天11:00选取完全生长的倒2叶片采用（Li–6400；LiCor，Huntington Beach，CA，USA）光合仪测定净光合速率（P_n）、叶片气孔导度（G_s）、蒸腾速率（T_r）、胞间CO_2浓度（C_i），WUE=P_n/T_r。测定光强为1 200 $\mu mol \cdot m^{-2} \cdot s^{-1}$，$CO_2$供应浓度为400（$CO_2$）$\cdot mol^{-1}$，叶片温度25℃，相对湿度约为25%，每个处理测量3次重复。

（6）叶绿素含量及叶绿素荧光参数测定。叶绿素荧光参数采用便携式叶绿素荧光仪（FMS–2，Hansatech，England）在设定光强下测定大豆叶片的测定植株顶部向下第2片完全展开功能叶片的叶绿素荧光参数，每次处理包括3次重复。

叶绿素含量用SPAD 502叶绿素含量测定仪测定。叶绿素含量指标测定均选择各植株倒2功能叶片。用测量头每次夹取叶片叶脉两侧的尖部、中部、基部3个点，取一次平均值，作为每处理的一个重复值。

（7）分析软件。采用Excel 2019数据处理，并用SPSS 25.0软件进行统计分析，用作图软件Origin 2018作图。

（三）结果与分析

1.干旱胁迫下AMEP蛋白对大豆苗期表型的影响

图2.11为干旱第5天大豆幼苗表型图。在干旱第5天时，蛋白+辅剂较蛋白生长更旺盛，蛋白较辅剂和对照萎蔫程度更小，受干旱胁迫影响更小，说明喷施AMEP蛋白后可促进植株生长且可明显缓解干旱胁迫，且AMEP+辅剂一定程度上提高了AMEP蛋白的活性，提高了大豆的抗旱性。

图2.11　干旱胁迫下第5天AMEP蛋白对大豆苗期表型的影响

2.形态指标的测定

图2.12～图2.16为在干旱胁迫下喷施AMEP蛋白对大豆株高、根长、茎粗、植株鲜重、植株干重等的影响图。

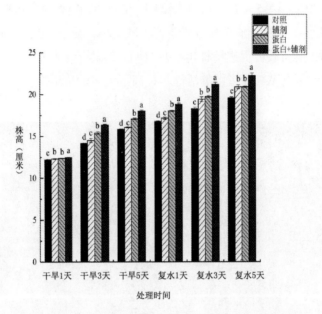

图2.12　在干旱胁迫下喷施AMEP蛋白对大豆株高的影响

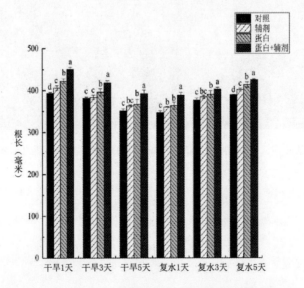

图2.13　在干旱胁迫下喷施AMEP蛋白对大豆根长的影响

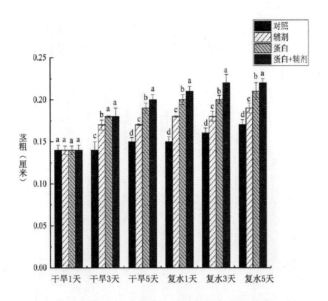

图2.14 在干旱胁迫下喷施AMEP蛋白对大豆茎粗的影响

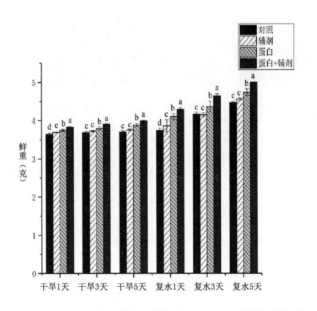

图2.15 在干旱胁迫下喷施AMEP蛋白对大豆植株鲜重的影响

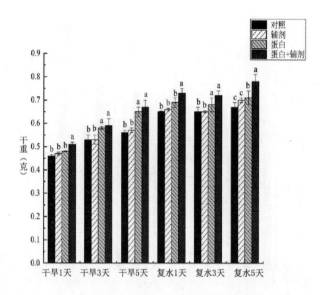

图2.16   在干旱胁迫下喷施AMEP蛋白对大豆植株干重的影响

表2.4为在干旱胁迫下喷施AMEP蛋白对大豆表观指标的影响数据。

表2.4   在干旱胁迫下喷施AMEP蛋白对大豆表观指标的影响

时间	处理	株高（cm）	根长(mm)	茎粗（cm）	植株鲜重(g)	植株干重(g)
干旱 1 d	CK	12.2 ± 0.07c	393.14 ± 2.01d	0.14 ± 0.006d	3.64 ± 0.03d	0.46 ± 0.006b
	离子	12.3 ± 0.05b	406.17 ± 5.16c	0.16 ± 0.005c	3.69 ± 0.01c	0.47 ± 0.006b
	蛋白	12.38 ± 0.03b	422.56 ± 5.19b	0.18 ± 0.005b	3.74 ± 0.03b	0.48 ± 0.02b
	蛋白+离子	12.49 ± 0.03a	450.11 ± 5.02a	0.19 ± 0.006a	3.83 ± 0.02a	0.51 ± 0.01a
干旱 3 d	CK	14.16 ± 0.04d	381.39 ± 2.84c	0.14 ± 0.01c	3.68 ± 0.04c	0.53 ± 0.02b
	离子	14.5 ± 0.24c	383.4 ± 5.40c	0.17 ± 0.006b	3.72 ± 0.02c	0.53 ± 0.02b
	蛋白	15.4 ± 0.14b	395.72 ± 8.65b	0.18 ± 0.001b	3.8 ± 0.04b	0.58 ± 0.006a
	蛋白+离子	16.37 ± 0.07a	418.26 ± 5.03a	0.20 ± 0.02a	3.90 ± 0.02a	0.59 ± 0.03a

续表

时间	处理	株高（cm）	根长(mm)	茎粗（cm）	植株鲜重(g)	植株干重(g)
干旱 5 d	CK	15.81 ± 0.06d	351.16 ± 4.81c	0.15 ± 0.005d	3.70 ± 0.03c	0.56 ± 0.01b
	离子	16.07 ± 0.06c	362.95 ± 2.34bc	0.17 ± 0.001c	3.76 ± 0.02c	0.57 ± 0.01b
	蛋白	17.06 ± 0.09b	366.92 ± 11.56b	0.19 ± 0.006b	3.88 ± 0.04b	0.65 ± 0.02a
	蛋白+离子	17.99 ± 0.12a	392.03 ± 8.88a	0.20 ± 0.006a	3.99 ± 0.02a	0.67 ± 0.03a
复水 1 d	CK	16.76 ± 0.06d	346.56 ± 5.20c	0.15 ± 0.006d	3.74 ± 0.06d	0.65 ± 0.003b
	离子	17.14 ± 0.14c	360.33 ± 0.81b	0.18 ± 0.001c	3.86 ± 0.26c	0.66 ± 0.005b
	蛋白	18.02 ± 0.07b	363.61 ± 8.75b	0.20 ± 0.006b	4.1 ± 0.08b	0.69 ± 0.02b
	蛋白+离子	18.81 ± 0.16a	387.73 ± 7.29a	0.21 ± 0.006a	4.29 ± 0.04a	0.73 ± 0.02a
复水 3 d	CK	18.27 ± 0.18c	376.28 ± 5.34c	0.16 ± 0.006d	4.17 ± 0.05c	0.65 ± 0.02b
	离子	19.41 ± 0.28b	384.42 ± 4.22bc	0.18 ± 0.006c	4.15 ± 0.05c	0.65 ± 0.005b
	蛋白	19.72 ± 0.12b	390.57 ± 8.40b	0.20 ± 0.005b	4.36 ± 0.14b	0.68 ± 0.03b
	蛋白+离子	21.19 ± 0.23a	402.91 ± 4.0a	0.22 ± 0.01a	4.65 ± 0.05a	0.72 ± 0.02a
复水 5 d	CK	19.57 ± 0.13c	389.07 ± 1.45d	0.17 ± 0.006d	4.47 ± 0.02d	0.67 ± 0.02c
	离子	20.88 ± 0.22b	401.72 ± 3.17c	0.19 ± 0.006c	4.57 ± 0.03c	0.7 ± 0.01bc
	蛋白	20.89 ± 0.09b	413.38 ± 6.54b	0.21 ± 0.01b	4.74 ± 0.09b	0.71 ± 0.03b
	蛋白+离子	22.21 ± 0.30a	425.39 ± 1.66a	0.22 ± 0.005a	5.00 ± 0.01a	0.78 ± 0.03a

随着生长时间的延长，大豆株高不断增加，且蛋白和辅剂处理后的大豆株高显著高于同期其他处理。与对照相比，干旱处理根系形态指标均显著降低，而喷施AMEP蛋白+辅剂处理减缓了根系形态指标的下降趋势。在干旱胁迫下蛋白处理后大豆的茎粗、植株鲜重均高于同时期对照、辅剂处理，且差异显著。在干旱胁迫第5天蛋白+辅剂处理后的大豆茎粗、植株鲜重较蛋白提升了约10.7%、6.5%。植株干重随着生长时间的延长也有所增加，对照和辅剂处理后的增长缓慢，在干旱第5天蛋白+辅剂较蛋白、辅剂、对照处理的分别增加了3.07%、17.5%、19.7%。

从以上结果来看，AMEP蛋白可以提高植物的抗旱能力，且加上辅剂后，大豆形态指标显著升高，表明加了辅剂后AMEP蛋白的活性得到提高。

3.干旱胁迫下喷施AMEP蛋白对大豆抗氧化系统活性的影响

图2.17～图2.20为干旱胁迫下喷施AMEP蛋白对大豆抗氧化系统活性的影响图。

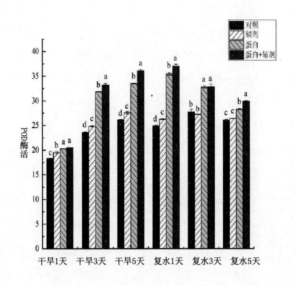

图2.17 在干旱胁迫下喷施AMEP蛋白对大豆POD活性的影响

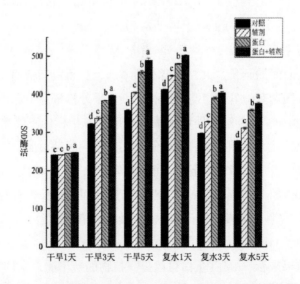

图2.18 在干旱胁迫下喷施AMEP蛋白对大豆SOD活性的影响

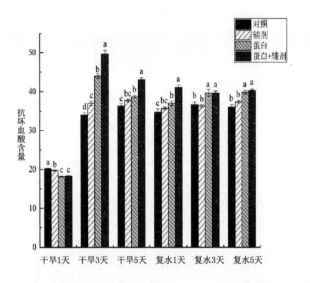

图2.19　在干旱胁迫下喷施AMEP蛋白对大豆抗坏血酸含量的影响

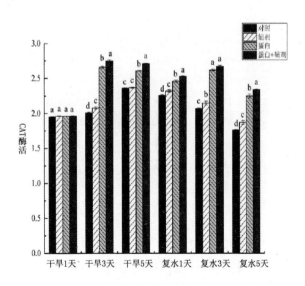

图2.20　在干旱胁迫下喷施AMEP蛋白对大豆CAT活性的影响

表2.5为在干旱胁迫下喷施AMEP蛋白对大豆抗氧化酶系统的影响数据。

表2.5　在干旱胁迫下喷施AMEP蛋白对大豆抗氧化酶系统的影响

时间	处理	POD含量（μ/g）	SOD总活性（μ/g）	CAT活性（μ/g）	AsA–POD活性（μ/g）
干旱 1 d	CK	18.3 ± 0.06c	241.00 ± 0.58c	1.95 ± 0.003a	20.17 ± 0.17a
	离子	19.55 ± 0.25b	241.67 ± 0.33c	1.96 ± 0.006a	19.73 ± 0.19b
	蛋白	20.27 ± 0.01a	245.67 ± 0.33b	1.96 ± 0.003a	18.17 ± 0.17c
	蛋白+离子	20.52 ± 0.01a	248.00 ± 0.58a	1.96 ± 0.007a	18.28 ± 0.16c
干旱 3 d	CK	23.57 ± 0.12d	322.00 ± 1.53d	2.01 ± 0.009d	34.00 ± 0.58d
	离子	24.8 ± 0.12c	337.00 ± 3.51c	2.08 ± 0.02c	37.00 ± 0.58c
	蛋白	31.85 ± 0.07b	383.67 ± 1.45b	2.66 ± 0.02b	44.00 ± 0.58b
	蛋白+离子	33.20 ± 0.32a	397.33 ± 1.20a	2.75 ± 0.02a	49.67 ± 0.88a
干旱 5 d	CK	26.12 ± 0.07d	357.67 ± 1.76d	2.36 ± 0.006c	36.33 ± 0.67c
	离子	27.54 ± 0.25c	404.33 ± 2.33c	2.37 ± 0.009c	37.73 ± 0.37bc
	蛋白	33.50 ± 0.10b	458.00 ± 4.16b	2.61 ± 0.006b	38.67 ± 0.33b
	蛋白+离子	36.06 ± 0.24a	489.00 ± 5.77a	2.71 ± 0.006a	43.00 ± 0.58a
复水 1 d	CK	24.87 ± 0.18d	412.67 ± 1.20d	2.26 ± 0.009d	34.67 ± 0.88c
	离子	26.25 ± 0.14c	448.67 ± 1.86c	2.32 ± 0.02c	35.67 ± 0.33bc
	蛋白	35.40 ± 0.26b	480.00 ± 1.53b	2.46 ± 0.015b	37.00 ± 0.58b
	蛋白+离子	37.00 ± 0.40a	502.00 ± 1.53a	2.53 ± 0.01a	41.10 ± 0.64a
复水 3 d	CK	27.73 ± 0.51b	296.67 ± 1.76d	2.07 ± 0.01c	36.67 ± 0.67b
	离子	27.23 ± 0.05b	328.00 ± 1.53c	2.15 ± 0.03b	36.33 ± 0.33b
	蛋白	32.76 ± 0.23a	390.00 ± 3.22b	2.62 ± 0.02a	39.67 ± 0.88a
	蛋白+离子	32.81 ± 0.57a	403.33 ± 3.53a	2.67 ± 0.02a	39.67 ± 0.44a
复水 5 d	CK	26.04 ± 0.16c	277.33 ± 1.45d	1.76 ± 0.007d	36.00 ± 0.58b
	离子	26.40 ± 0.06c	311.00 ± 2.31c	1.87 ± 0.03c	37.33 ± 0.33b
	蛋白	28.28 ± 0.17b	359.00 ± 2.08b	2.25 ± 0.03b	39.83 ± 0.44a
	蛋白+离子	29.90 ± 0.12a	376.33 ± 2.73a	2.34 ± 0.009a	40.30 ± 0.35a

随着干旱处理的增加，大豆叶片中POD、SOD活性均呈上升趋势，说明随着干旱胁迫对大豆植株的氧化损伤持续加重，POD、SOD活性增高以缓解毒害。且蛋白和辅剂处理后的POD、SOD活性较蛋白提升了7.1%、8.9%。大豆叶片CAT活性、ASA含量活性呈现上升的趋势，大豆叶片CAT活性表现为蛋白+辅剂>蛋白>辅剂>对照；蛋白+辅剂干旱较蛋白处理进一步提高了APX活性，干旱复水后二者活性降低，但高于正常水平。

4.干旱胁迫下喷施AMEP蛋白对大豆膜脂过氧化物质的影响

图2.21～图2.26为干旱胁迫下喷施AMEP蛋白对大豆膜脂过氧化物质的影响图。表2.6为在干旱胁迫下喷施AMEP蛋白对大豆膜脂过氧化物质的影响数据。

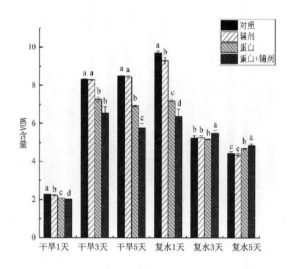

图2.21　在干旱胁迫下喷施AMEP蛋白对大豆MDA含量的影响

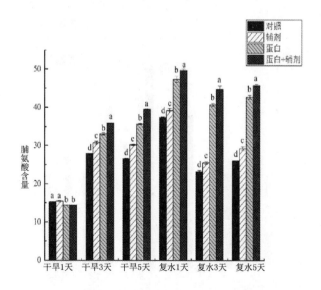

图2.22　在干旱胁迫下喷施AMEP蛋白对大豆脯氨酸含量的影响

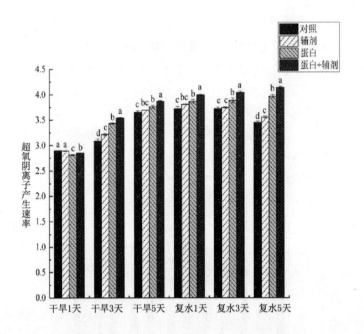

图2.23   在干旱胁迫下喷施AMEP蛋白对大豆超氧阴离子产生速率的影响

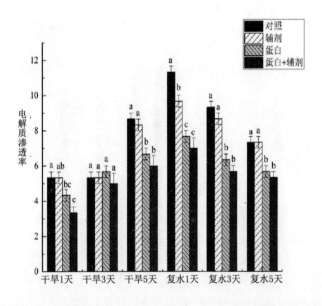

图2.24   在干旱胁迫下喷施AMEP蛋白对大豆电解质渗透率的影响

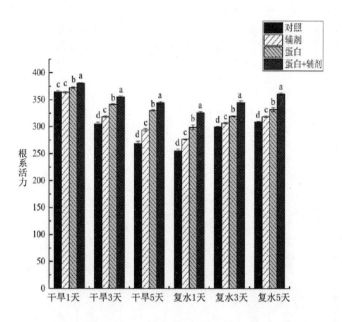

图2.25   在干旱胁迫下喷施AMEP蛋白对大豆根系活力的影响

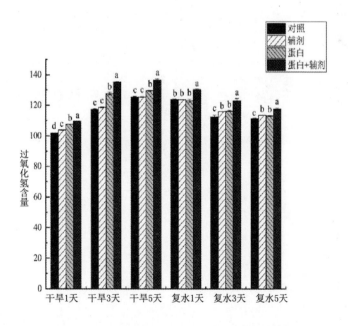

图2.26   在干旱胁迫下喷施AMEP蛋白对大豆过氧化氢含量的影响

表2.6　在干旱胁迫下喷施AMEP蛋白对大豆膜脂过氧化物质的影响

时间	处理	丙二醛含量 (μmol/g)	根系活力 (μg·g⁻¹·h⁻¹)	电解质渗透率 (%)	脯氨酸含量 (μg/gFw)	O²产生速率 (μmol/(min·g))	H₂O₂含量 (μmol/g)
干旱1d	CK	2.29±0.009a	364.33±2.90c	5.67±0.33a	15.26±0.02a	2.90±0.003a	101.77±0.09d
	离子	2.23±0.17b	363.67±1.76c	5.33±0.33ab	15.41±0.16a	2.89±0.007a	103.8±0.17c
	蛋白	2.08±0.006c	372.33±1.45b	4.33±0.33bc	14.44±0.07b	2.82±0.009c	107.67±0.09b
	蛋白+离子	2.02±0.015d	380.67±0.88a	3.33±0.33c	14.44±0.05b	2.85±0.003b	109.53±0.09a
干旱3d	CK	8.32±0.015a	304.67±3.84d	5.33±0.33a	27.9±0.12d	3.08±0.04d	117.2±0.46c
	离子	8.29±0.012a	318.67±1.86c	5.33±0.33a	30.73±0.42c	3.22±0.02c	118.5±0.31c
	蛋白	7.27±0.06b	341.33±1.45b	5.67±0.33a	33.07±0.32b	3.43±0.02b	127.57±0.84b
	蛋白+离子	6.54±0.19b	353.33±1.86a	5.00±0.58a	35.86±0.04a	3.54±0.01a	135.2±0.40a
干旱5d	CK	8.49±0.04a	269.00±4.16d	8.67±0.33a	26.52±0.15d	3.65±0.03c	125.37±0.47c
	离子	8.44±0.03a	293.67±2.91c	8.33±0.33a	30.16±0.22c	3.7±0.003bc	125.38±0.32c
	蛋白	6.92±0.02b	330.33±1.45b	6.67±0.33b	35.68±0.13b	3.76±0.03b	129.50±0.35b
	蛋白+离子	5.77±0.13c	344.33±2.60a	6.00±0.58b	39.49±0.09a	3.87±0.01a	136.47±0.76a

续表

时间	处理	丙二醛含量（μmol/g）	根系活力（μg·g⁻¹·h⁻¹）	电解质渗透率（%）	脯氨酸含量（μg/gFw）	O²⁻产生速率（μmol/(min·g)）	H₂O₂含量（μmol/g）
复水1d	CK	$9.72 \pm 0.05a$	$255.00 \pm 3.79d$	$11.33 \pm 0.33a$	$37.43 \pm 0.10d$	$3.73 \pm 0.04c$	$123.67 \pm 0.49b$
	离子	$9.29 \pm 0.10b$	$276.67 \pm 0.88c$	$9.67 \pm 0.33b$	$39.17 \pm 0.54c$	$3.81 \pm 0.006bc$	$123.57 \pm 0.12b$
	蛋白	$7.19 \pm 0.02c$	$298.67 \pm 4.49b$	$7.67 \pm 0.33c$	$47.35 \pm 0.78b$	$3.87 \pm 0.04b$	$122.94 \pm 0.96b$
	蛋白+离子	$6.37 \pm 0.21d$	$326.33 \pm 1.86a$	$7.00 \pm 0.57c$	$49.66 \pm 0.34a$	$4.00 \pm 0.01a$	$130.16 \pm 1.18a$
复水3d	CK	$5.23 \pm 0.07b$	$299.67 \pm 0.88d$	$9.33 \pm 0.33a$	$23.21 \pm 0.37d$	$3.73 \pm 0.03c$	$112.47 \pm 1.18c$
	离子	$5.26 \pm 0.06b$	$306.67 \pm 1.45c$	$8.67 \pm 0.33a$	$25.51 \pm 0.32c$	$3.75 \pm 0.02c$	$115.87 \pm 0.09b$
	蛋白	$5.19 \pm 0.02b$	$319.67 \pm 0.88b$	$6.33 \pm 0.33b$	$40.71 \pm 0.35b$	$3.89 \pm 0.05b$	$116.20 \pm 0.42b$
	蛋白+离子	$5.50 \pm 0.08a$	$344.67 \pm 3.18a$	$5.67 \pm 0.33b$	$44.77 \pm 0.85a$	$4.04 \pm 0.02a$	$122.94 \pm 1.46a$
复水5d	CK	$4.43 \pm 0.10c$	$308.67 \pm 1.20d$	$7.33 \pm 0.33a$	$25.99 \pm 0.15d$	$3.45 \pm 0.03d$	$111.40 \pm 0.15c$
	离子	$4.34 \pm 0.05c$	$318.67 \pm 2.03c$	$7.33 \pm 0.33a$	$29.19 \pm 0.53c$	$3.56 \pm 0.02c$	$113.49 \pm 0.14b$
	蛋白	$4.68 \pm 0.02b$	$360.67 \pm 2.03b$	$5.67 \pm 0.33b$	$42.77 \pm 0.51b$	$3.97 \pm 0.04b$	$113.07 \pm 0.26b$
	蛋白+离子	$4.85 \pm 0.05a$	$330.00 \pm 5.98a$	$5.33 \pm 0.33b$	$45.75 \pm 0.29a$	$4.14 \pm 0.02a$	$117.48 \pm 0.70a$

随着干旱处理的增加，大豆叶片MDA含量开始急剧上升，蛋白的施加显著减少了MDA的产生以减少生物膜的损伤，且蛋白+辅剂效果最佳；脯氨酸含量随着干旱时间的延长，呈现上升的趋势，蛋白+辅剂处理较蛋白处理其含量平均提升了10.11%。大豆叶片超氧阴离子产生速率变化不大；叶片电解质渗透率明显增加，对照叶片电解质渗透率上浮40%，膜透性遭到严重破坏，而蛋白和辅剂处理后的叶片电解质渗透率变化幅度相对较小为25%。

随着干旱程度的增加，根系活力急剧下降，但蛋白处理后的大豆根系活力下降幅度缓慢；叶片过氧化氢含量明显增加，且重度干旱第五天蛋白+辅剂较蛋白、辅剂、对照提升了3.5%、4.6%、4.65%。

5.干旱胁迫下喷施AMEP蛋白对大豆渗透调节物质的影响

图2.27、图2.28为干旱胁迫下喷施AMEP蛋白对大豆渗透调节物质的影响图。

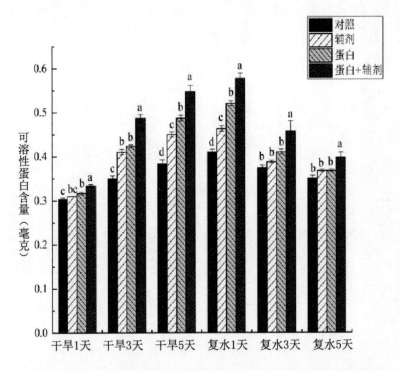

图2.27　在干旱胁迫下喷施AMEP蛋白对大豆可溶性蛋白含量的影响

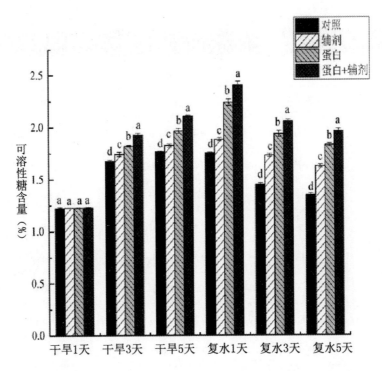

图2.28　在干旱胁迫下喷施AMEP蛋白对大豆可溶性糖含量的影响

表2.7为在干旱胁迫下喷施AMEP蛋白对大豆渗透性物质的影响数据。

表2.7　在干旱胁迫下喷施AMEP蛋白对大豆渗透性物质的影响

时间	处理	可溶性蛋白质含量（mg/g）	可溶性糖含量（%）
干旱1 d	CK	0.30 ± 0.003c	1.22 ± 0.0009a
	离子	0.31 ± 0.0001bc	1.23 ± 0.002a
	蛋白	0.32 ± 0.03b	1.23 ± 0.003a
	蛋白+离子	0.33 ± 0.03a	1.23 ± 0.0007a
干旱3 d	CK	0.35 ± 0.006c	1.67 ± 0.01d
	离子	0.41 ± 0.006b	1.74 ± 0.02c
	蛋白	0.42 ± 0.003b	1.82 ± 0.007b
	蛋白+离子	0.49 ± 0.009a	1.93 ± 0.017a

续表

时间	处理	可溶性蛋白质含量（mg/g）	可溶性糖含量（%）
干旱5 d	CK	0.38 ± 0.008d	1.76 ± 0.007d
	离子	0.45 ± 0.005c	1.82 ± 0.016c
	蛋白	0.49 ± 0.007b	1.96 ± 0.03b
	蛋白+离子	0.55 ± 0.01a	2.10 ± 0.009a
复水1 d	CK	0.41 ± 0.006d	1.75 ± 0.006d
	离子	0.46 ± 0.007c	1.88 ± 0.01c
	蛋白	0.52 ± 0.006b	2.24 ± 0.03b
	蛋白+离子	0.58 ± 0.01a	2.40 ± 0.04a
复水3 d	CK	0.37 ± 0.007b	1.45 ± 0.01d
	离子	0.39 ± 0.003b	1.73 ± 0.02c
	蛋白	0.41 ± 0.006b	1.93 ± 0.03b
	蛋白+离子	0.46 ± 0.02a	2.05 ± 0.02a
复水5 d	CK	0.35 ± 0.006b	1.35 ± 0.01d
	离子	0.37 ± 0.003b	1.63 ± 0.01c
	蛋白	0.37 ± 0.003b	1.83 ± 0.02b
	蛋白+离子	0.40 ± 0.01a	1.96 ± 0.03a

随着胁迫时间增加，大豆叶片内可溶性蛋白含量不断升高，说明植株受伤程度不断增加。蛋白+辅剂较蛋白、辅剂、对照提升了9.1%、16.7%、24.65%；可溶性总糖含量的增加有利于增强细胞渗透调节能力，维持细胞膨压，维持细胞膜的功能和完整，缓解干旱胁迫对植物的损伤，在重度干旱时AMEP蛋白+辅剂处理后的大豆叶片可溶性糖含量明显增加，较蛋白、辅剂、对照提升了5.02%、13.25%、16.52%。

6.干旱胁迫下喷施AMEP蛋白对大豆光合指标的影响

图2.29～图2.32为干旱胁迫下喷施AMEP蛋白对大豆光合指标的影响图。

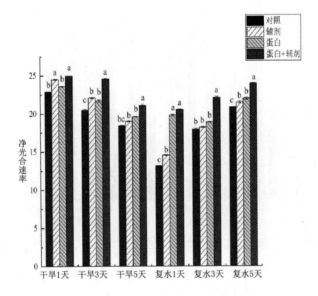

图2.29　在干旱胁迫下喷施AMEP蛋白对大豆净光合速率的影响

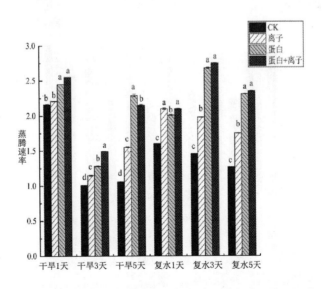

图2.30　在干旱胁迫下喷施AMEP蛋白对大豆蒸腾速率的影响

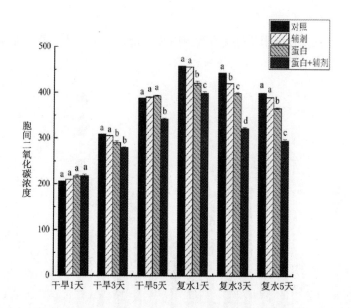

图2.31   在干旱胁迫下喷施AMEP蛋白对大豆胞间二氧化碳浓度的影响

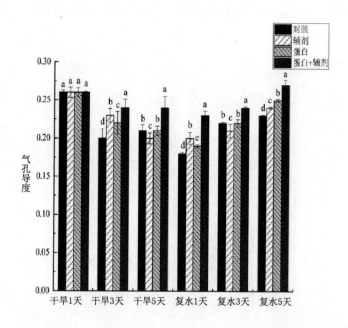

图2.32   在干旱胁迫下喷施AMEP蛋白对大豆气孔导度的影响

净光合速率是指植物在单位时间内O_2的释放量或CO_2的吸收量或有机物的积累量。在复水第1天，蛋白+辅剂处理较蛋白、辅剂、对照提升了2.15%、37.76%、40.59%。随着大豆的光合速率增加，叶片的蒸腾速率也逐渐增加。但由于干旱胁迫的影响大豆的蒸腾速率逐渐下降，复水后又逐渐恢复。随着干旱程度的增加，大豆叶片细胞内CO_2浓度逐渐增多，随着胞间CO_2的增多，光合速率逐渐下降；在一定范围内，净光合速率随着气孔导度的增加而增加，达到一定值后，气孔导度的增加反而导致净光合速率下降。在干旱胁迫下，喷施AMEP蛋白后可明显提高大豆叶片的气孔导度从而增加植物的净光合速率。

7.干旱胁迫下喷施AMEP蛋白对大豆荧光参数和叶绿素含量的影响

图2.33～图2.37为干旱胁迫下喷施AMEP蛋白对大豆荧光参数和叶绿素含量的影响图。

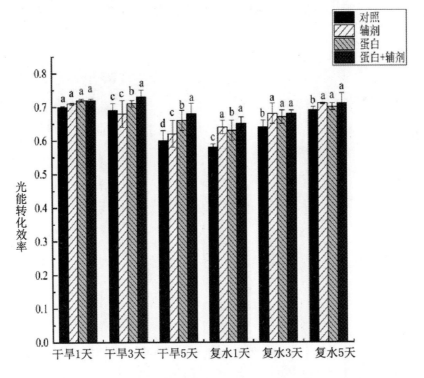

图2.33　在干旱胁迫下喷施AMEP蛋白对大豆原初光能转化效率的影响

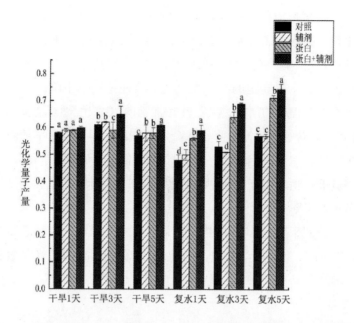

图2.34   在干旱胁迫下喷施AMEP蛋白对大豆实际光化学量子产量的影响

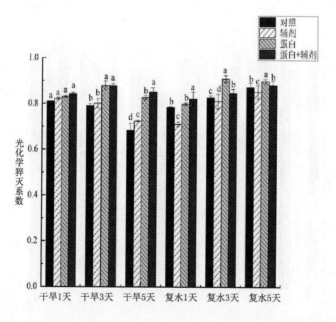

图2.35   在干旱胁迫下喷施AMEP蛋白对大豆光化学猝灭系数的影响

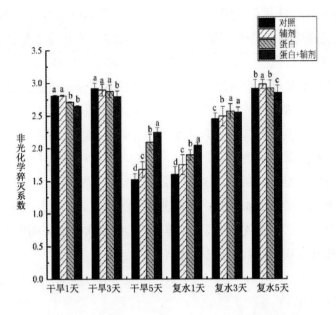

图2.36　在干旱胁迫下喷施AMEP蛋白对大豆非光化学猝灭系数的影响

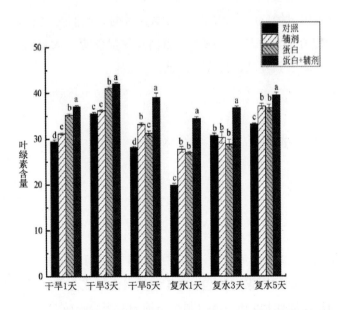

图2.37　在干旱胁迫下喷施AMEP蛋白对大豆叶绿素含量的影响

Fv/Fm可以反映植株的潜在最大光合能力，随着干旱程度的增加，大豆Fv/Fm呈现逐渐升高的趋势，重度干旱时达到最大，在重度干旱状态下蛋白+辅剂处理后的较较蛋白、辅剂、对照提升了1.36%、5.12%、7.11%；Y（Ⅱ）用于衡量植株的实际光合效率，在重度干旱状态下蛋白+辅剂处理后的较蛋白、辅剂、对照提升了1.44%、1.67%、2.41%，差异较小。在干旱胁迫下光化学淬灭系数变化总体上呈现先上升后下降的趋势，喷施AMEP蛋白+辅剂较蛋白、辅剂、对照提升了4.37%、13.99%、17.52%；NPQ代表植物耗散过剩光能为热的能力，在光合作用中调节入射光量从而减少对植物的损害，在干旱第五天，喷施AMEP蛋白+辅剂较蛋白、辅剂、对照提升了5.65%、18.15%、24.66%。喷施AMEP蛋白+辅剂的叶绿素含量下降幅度明显低于其他处理，说明耐旱性显著高于其余处理。

（四）总结

本研究通过过敏反应和盆栽试验对辅剂与AMEP蛋白的效果进行了检测，确定了辅剂对蛋白的活性提升效果。辅剂的加入能够明显提升AMEP蛋白引发植物发生过敏反应的程度。在盆栽试验时，我们通过干旱胁迫检测了植物抗性的提升，添加辅剂的AMEP蛋白能够显著提升大豆对干旱的抗性，这说明大豆的防卫系统已经被成功激活。

二、田间试验

（一）实验设计

为了保证AMEP蛋白免疫激活剂在田间进行施用的作用效果，要充分考虑到以下几个方面的因素。这包括AMEP蛋白活性成分的确定、AMEP蛋白制剂喷施的最佳周期和AMEP蛋白制剂与辅剂的组合喷施。

首先，在大豆的不同生育期，植株内部进行的生理代谢有所区别，与

AMEP蛋白的互作效果也有很大差别，导致AMEP蛋白制剂的喷施效果与喷施时机有很大关系。因此，我们建立了大豆施用AMEP蛋白制剂的最佳喷施期。由于大豆的营养生长期和生殖生长期交叉进行，初步计划在初花期、结荚期这两个大豆生育期内进行组合优选，确定进行AMEP蛋白制剂喷施的周期次数和周期组合。

其次，在AMEP蛋白制剂激发植物免疫后，大豆亟需吸收大量营养进行各种抗逆相关蛋白酶和代谢产物的合成，因此有必要在施用AMEP蛋白制剂的同时适量补充大豆所需的营养，将辅剂与AMEP蛋白制剂混合施用，实现"药肥一体化"。这样，不仅大大提高AMEP蛋白制剂的综合使用效果，也将大大降低作业成本。在实验室内，我们前期研究已经摸索出了AMEP蛋白活性发挥的最佳条件，包括pH、辅剂浓度等，并在安达基地进行AMEP蛋白制剂与辅剂组合施用。

本实验共设置对照处理、喷施辅剂处理、喷施AMEP蛋白、喷施AMEP蛋白+辅剂处理四种方案，在喷施完第15天进行取样。

（二）实验结果与分析

1. AMEP蛋白制剂对初花期大豆植株性状的影响

从表2.8和图2.38～图2.41可以看出，在七月十五号初花期调查测量的安达基地喷施AMEP蛋白溶液的处理组和未喷施的对照组和辅剂组分析中，大豆对照组和处理组在株高、开花数、茎粗和节数四个方面均有明显差异，喷施AMEP蛋白+辅剂后大豆的节数、株高和茎粗都比喷施AMEP蛋白的显著增加，且差异明显。说明喷施AMEP蛋白+辅剂溶液对大豆植株的节数、株高和茎粗都有较大影响，可以促进大豆植株的生长。

表2.8　AMEP蛋白制剂喷施处理15天后调查结果

处理组	株高	节数	茎粗	开花数
对照	$52.92 \pm 2.63d$	$7.86 \pm 1.03b$	$0.48 \pm 0.12b$	$31.05 \pm 1.12c$
辅剂	$54.15 \pm 2.12c$	$8.05 \pm 1.22b$	$0.52 \pm 0.17b$	$33.00 \pm 1.25b$
蛋白	$56.18 \pm 2.25b$	$9.01 \pm 0.99a$	$0.60 \pm 0.11a$	$34.50 \pm 1.91b$
蛋白+辅剂	$58.29 \pm 2.82a$	$9.43 \pm 0.88a$	$0.65 \pm 0.16a$	$37.00 \pm 1.72a$

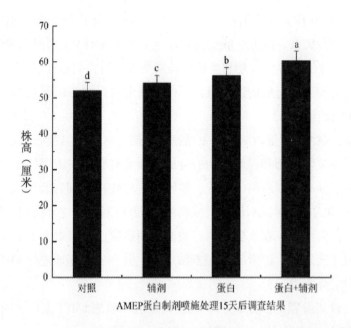

图2.38 喷施AMEP蛋白对大豆株高的影响

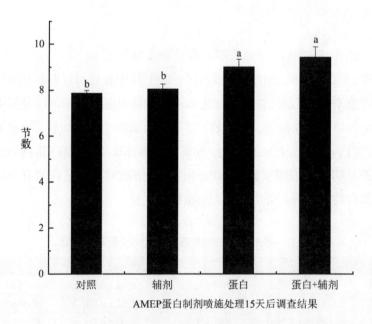

图2.39 喷施AMEP蛋白对大豆节数的影响

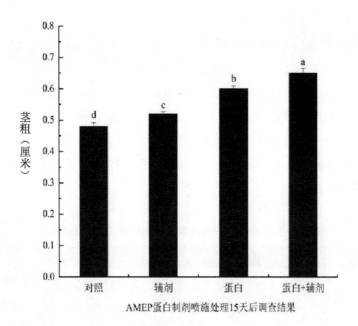

图2.40 喷施AMEP蛋白对大豆茎粗的影响

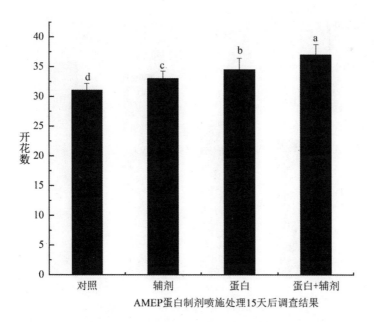

图2.41 喷施AMEP蛋白对大豆开花数的影响

2.结荚期取样结果分析

从表2.9和图2.42～图2.43可以看出，在八月十五号调查测量分析中，在安达基地种植的大豆对照组、辅剂组、蛋白组和蛋白+辅剂组在荚数、荚重两个方面均有明显差异，喷施AMEP蛋白后大豆的荚数、荚重都比未喷施的显著增加，表明AMEP蛋白结荚率较高，形态更加完善。除荚数外，蛋白+辅剂组的荚重较蛋白处理明显增加，且差异明显。这说明喷施AMEP蛋白溶液对大豆植株的荚数和荚重都有较大影响，可以提高大豆的茎节生长，且加上辅剂后效果更佳。

表2.9　第二次AMEP蛋白制剂喷施处理15天后调查结果

处理组	荚数	荚重
CK	65.67 ± 2.02c	34.86 ± 2.45d
离子	75.14 ± 2.13b	41.47 ± 3.58c
蛋白	96.78 ± 3.88a	55.27 ± 3.21b
蛋白+离子	102.69 ± 4.82a	63.63 ± 3.27a

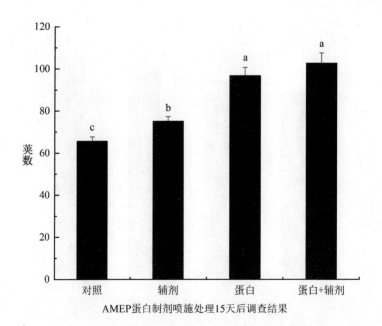

AMEP蛋白制剂喷施处理15天后调查结果

图2.42　喷施AMEP蛋白对大豆荚数的影响

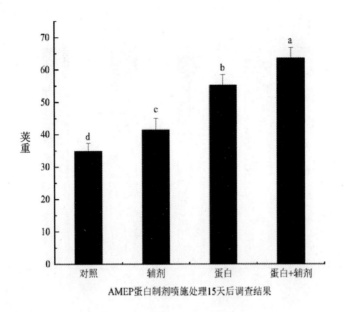

图2.43　喷施AMEP蛋白对大豆荚重的影响

3.成熟期取样结果分析

通过表2.10和图2.44～2.46可以看出，喷施AMEP蛋白溶液处理比辅剂和对照处理效果好，二者均显著高于对照。总粒重、瘪荚数是影响产量的直接原因，说明喷施AMEP蛋白溶液有效提高了大豆的产量，其主要原因归结于总粒重的提高；在其余指标中，瘪粒率差异明显，蛋白和辅剂处理的瘪荚数最低，且显著低于其他处理。百粒重也高于对照组，表明AMEP蛋白起到了激发大豆植株抗性、降低农药施用、减少灾害损失的积极效果。

表2.10　成熟期取样调查结果

处理组	总粒重	瘪荚数	百粒重
CK	1722 ± 22.52c	10.86 ± 0.94a	18.25 ± 0.75c
辅剂	1755 ± 19.78b	10.22 ± 0.54b	18.99 ± 0.84c
蛋白	1795 ± 20.54a	8.25 ± 0.98c	20.92 ± 1.01b
蛋白+辅剂	1809 ± 31.56a	7.91 ± 1.37c	21.73 ± 1.96a

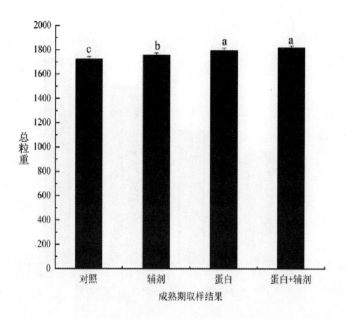

图2.44   喷施AMEP蛋白对大豆总粒重的影响

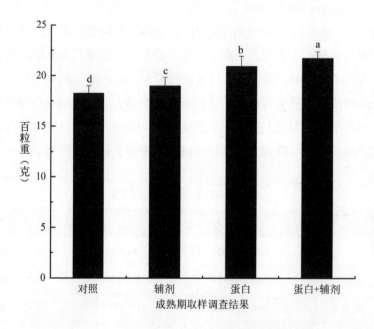

图2.45   喷施AMEP蛋白对大豆百粒重的影响

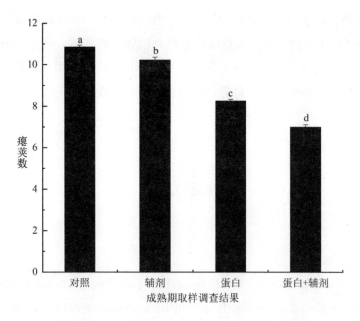

图2.46　喷施AMEP蛋白对大豆瘪荚数的影响

经过田间实收测产，对照组每亩大豆实收产量172 kg，辅剂组实收产量174 kg，AMEP蛋白处理组182 kg，AMEP蛋白+辅剂处理组每亩大豆实收产量189 kg，产量提升9.88%。

（三）讨论与总结

经过AMEP蛋白免疫激活剂进行种植的大豆产品，在上述的基础上从绿色和增产两方面进一步提升了大豆的产品优势。一是全程不施用化学农药，使大豆具有无农药残留的优势，真正达到绿色有机食品的标准。这使我们的大豆产品与进口的转基因大豆或其他大豆有了本质的区别，进而能够错位竞争，实现产品单位价值的巨大提升。二是AMEP蛋白增强了大豆对病害、干旱等逆境胁迫的抗性，提高了大豆结荚率和有效粒数，导致大豆产量的增加。这使大豆能够抵御自然灾害带来的不利影响，减少不确定因素带来的损失，保证相对稳定的年产量。

长期应用AMEP植物疫苗可连年减少农药化肥的用量，给土壤环境自我修复创造条件，恢复土壤理化性质和微生物菌群，保护黑土地资源可持续利用。基于AMEP植物疫苗的大豆绿色有机种植体系成熟后，将为我国民众提供安全可靠的大豆农产品，保障人民生活健康；也将为我国大豆在与转基因大豆竞争中提供错位竞争的优势，开辟我国大豆产业新的突破方向。

参考文献

[1] Phan-Xuan T，Durand D，Nicolai T，et al. Heat induced formation of beta-lactoglobulin microgels driven by addition of calcium ions[J].Food Hydrocolloids，2014，34: 227-235.

[2] Bryant C，Mcclements D. Ultrasonic spectrometry study of the influence of temperature onwhey protein aggregation[J]. Food Hydrocolloids，1999，13(6): 439-444.

[3] 谢秀玲. 四种金属离子诱导牛乳β-乳球蛋白聚合体的结构表征及致敏性评估[D]. 南昌大学，2015.

[4] Muhammad G，Croguennec T，Julien J，et al. Copper modulates the heat-induced sulfhydryl/disulfide interchange reactions of β-Lactoglobulin[J]. Food Chemistry，2009，116(4): 884-891.

[5] 王丽霞，高莉芬.叶面肥及其发展趋势[J].内蒙古石油化工. 2006，(9): 22-22.

[6] 单折，崔东洁，代西梅.不同浓度尿素胁迫下苗期小麦根部形态和生理指标的变化[J]. 江苏农业科学，2019，47(20): 108-111.

[7] 刘强，邓春晖，郝凤敏，等.叶面喷肥对小麦产量的影响[J].种业导刊，2019(01): 20-21.

[8] 尹翠玉，张宇峰，沈新元.大豆蛋白的脲变性及结构表征[J].中国油脂，2009，34(08): 25-27.

[9] 黄曼，卞科.理化因子对大豆蛋白疏水性的影响[J].郑州工程学院学报，2002，23(3): 5 –9.

[10] Chandra B P S, Rao A G A, Rao M S N. Effect of temperature on the conformation of soybean glycinin in 8 M urea or 6 M guanidine hydrochloride solution[J]. Journal of Agricultural & Food Chemistry, 1984, 32(6): 1402–1405.

[11] 张忠慧，华欲飞.大豆分离蛋白与低浓度尿素相互作用红外光谱分析[J].粮食与油脂，2007(07): 20–21.

[12] 蒋莹，程永乐，曹代京，等.pH对褐环粘盖牛肝菌蛋白质和核酸的影响[J].安徽农业科学，2019，47(02): 4–6.

[13] 李朝阳，李良玉，刁静静. pH和温度对蛋白结构和功能特性影响的研究进展[J]. 科学技术创新，2019(18): 59–60.

[14] 韩敏义，费英，徐幸莲，等.低场NMR研究pH对肌原纤维蛋白热诱导凝胶的影响[J].中国农业科学，2009，42(6): 2098–2104.

[15] 郭延娜，吴菊清，周光宏，等.匀浆机转速、pH值和肌原纤维蛋白质浓度对肌原纤维蛋白质乳化特性的影响[J].江苏农业学报，2010，26(06): 1371–1377.

[16] 陈秀红，吴国星，饶志坚，等.表面活性剂对农药雾滴在小白菜叶面上扩展面积和蒸发时间的影响[J].云南农业大学学报(自然科学版)，2011，26(5): 612–615.

[17] 韩寒冰.表面活性剂及其在农业中的应用[J]. 生物学通报，1997，(1): 16.

[18] 庄占兴，路福绥，刘月，等.表面活性剂在农药中表面的应用研究进展[J]. 农药，2008，47(7): 469–475.

[19] 曹洪玉，张莹莹，唐乾，等.不同类型表面活性剂与蛋白质作用研究进展[J]. 大连大学学报，2014，35(06): 62–68.

[20] 宋熙熙.蛋白质–表面活性剂相互作用及酶催化反应的量热学研究[D].浙江大学，2008.

[21] 刘静，徐桂英.表面活性剂与蛋白质相互作用的研究进展[J].日用化学工业，2003，(01): 29–32.

[22] 史兴旺.新颖表面活性剂对牛血清蛋白（BSA）结构的影响研究[D].山东大学，2008.

[23] Dickinson E. Adsorbed protein layers at fluid interfaces: interactions, structure and surface rheology[J]. Colloids and Surfaces B，1999，15: 161–176.

[24] Dickinson E.Proteins at interfaces and in emulsions stability，rheology and interactions[J].Journal of the Chemical Society Faraday Transactions，1998，94(12): 1657–1669.

[25] 李秋杰.不同离子对大豆蛋白结构及表面活性的影响[D].广西科技大学，2015.

[26] 宗绪岩，王世富，李丽. pH及阳离子浓度对柞蚕蛹蛋白溶解性的影响[J]. 蚕业科学，2005，31(4): 494–496.

[27] Ahmed S H，BabikerE E，Ahmed I A Mohamed，et al. Effect of sodium chloride concentration onthe Functional properties of selected legume flours[J]. African Journal of Food，Agriculture，Nutrition and Development，2012，12(6): 6700–6714.

[28] 赵又佼，赵龙，苏颖.锌离子、锌转运蛋白–细胞信号通路的新调控因子[J]. 中国细胞生物学学报，2020，42(09): 1631–1641.

[29] Muhammad G，Croguennec T，Julien J，et al.Copper modulates the heat-inducedsulfhydryldisulfide interchange reactions of $-Lactoglobulin[J]. Food Chemistry，2009，116(4): 884–891.

第三章

AMEP植物疫苗的大规模生产

第一节　AMEP植物疫苗的高密度发酵

一、AMEP蛋白的发酵条件摸索

高密度发酵（High Cell Density Fermentation，HCDF）又称高密度培养。一般指微生物在液体培养中细胞群体密度超过常规培养10倍以上时的生长状态的培养技术[1]。高密度发酵可以提高发酵罐内的菌体密度[2]，提高产物的细胞表达水平量，相应地减少了生物反应器的体积，提高单位体积设备生产能力，降低生物量的分离费用[3]，缩短生长周期，从而达到降低生产成本，提高生产效率[4]。

不同菌种和同种不同菌株间，在达到高密度的水平上差别极大[5]。在AMEP植物疫苗生产中利用这一技术，需要从多个方面加强控制，例如对培养基进行科学配制、灵活调控发酵温度[6]、调节合适的pH等，才能创造良好的条件，确保高密度发酵的顺利进行[7]。本小节通过对芽孢杆菌培养基中的碳源、氮源、温度、pH、进行单因素实验，并对接种量、培养时间优化确定了其高密度发酵的最佳条件[8-10]。

AMEP蛋白（GenBank：WP_017418614.1）是本研究团队从芽孢杆菌中鉴定的一种新型蛋白激发子，具有激发植物防卫反应、提高植物抗病性的功能[11]。此外，AMEP还具有拮抗部分病原菌和杀伤部分有害昆虫的功能[12-13]，适合于开发为多功能的蛋白质生物农药。在AMEP蛋白鉴定过程中发现，使用不同培养基对芽孢杆菌进行培养，AMEP蛋白的表达水平存在巨大差异。最初我们使用LB培养基进行培养，AMEP蛋白在上清中检测不到；而使用YME培养基进行培养，则成功从上清中富集并纯化得到AMEP蛋白样品，为其后续的质谱鉴定打下了基础。这说明AMEP蛋白表达在很大程度上受到培养条件的影响，因此有必要对其表达条件进行深入研究，以提高其表达产量，为后续的开发应用提供充足的蛋白原料。

响应面法（Response Surface Methodology，RSM）是一种优化生物过程的统计学实验设计，可对影响生物过程的多种因子及其交互作用进行评价，确定最佳水平范围，且试验次数相对减少，省时省力，适合于各种多因素条件优化的实验需求[14-17]。目前该方法已经广泛应用于芽孢杆菌中各种蛋白表达产量的优化，其中包括耐温蛋白酶、木聚糖酶、纳豆激酶、纤维蛋白溶解酶等蛋白，还包括Surfactin、Iturin等抗菌肽[18-26]。本文研究的主要对象AMEP蛋白是由芽孢杆菌天然外分泌表达，适合于响应面法进行蛋白产量的优化。

本研究通过单因素实验、Plackett–Burman设计和Box–Benhnken响应面法对AMEP蛋白的表达条件进行优化，确定蛋白表达量最高的条件。本研究旨在通过系统优化法明确影响AMEP蛋白产量的因素，提高蛋白产量，从而为该蛋白后续的开发应用提供参考和依据。

（一）材料与方法

1. 菌株与试剂

枯草芽孢杆菌BU412为本实验室分离并保藏[17]。

YME培养基[28]：麦芽提取物10 g/L，酵母提取物4 g/L，葡萄糖4g/L，pH 7.2；低盐缓冲液：20 mmol/L Tris–HCl，20 mmol/L NaCl，pH 7.5；高盐缓冲液：20 mmol/L Tris–HCl，1 mol/L NaCl，pH 7.5。

2. 蛋白纯化与浓度测定

本文中BU412菌株的培养均使用500 mL三角瓶进行，每瓶中含培养基300 mL。初始培养条件为：YME培养基、接种量1%、转速160 rpm、培养温度37 ℃、培养时间24 h。AMEP蛋白的纯化参照Shen等[11]的方法，并进行了优化。菌液经11 000×g低温离心15 min，收取上清，使用0.22 μm滤膜过滤除杂。使用AKTA蛋白纯化仪进行阴离子交换层析，纯化柱为HiTrap Q HP column（5 mL），流速为1 mL/min。使用低盐缓冲液上样，使用40%的高盐缓冲液进行洗脱。收集洗脱样品，使用截留孔径为30 kDa的超滤管进行过滤，用低盐缓冲液反复清洗，收集截留的样品即为AMEP蛋白。使用Nanodrop微量分光光度计对蛋白浓度进行测定，计算出蛋白质在菌液中的浓度。

3. 单因素试验

单因素试验是响应面实验的前期准备，本文根据AMEP蛋白的初始培养基YME培养基进行优化，分别选择不同种类的碳源、氮源进行筛选。培养液中蛋白含量按照前述方法进行测定。

（1）最适碳源的确定。YME培养基中使用碳源为麦芽提取物和葡萄糖。我们选择不同的碳源对其进行替换，包括甘露醇、葡萄糖、乳糖、麦芽糖、蔗糖。单因素实验的其他因素同之前的YME培养基保持一致，每个水平重复5次，测定AMEP蛋白的产量，确定适宜的碳源种类。

（2）最适氮源的确定。YME培养基中使用的氮源是麦芽提取物和酵母提取物，我们选择不同的氮源进行替换，包括酵母提取物、氯化铵、大豆蛋白胨、硫酸铵、蛋白胨。此单因素实验的碳源选择为上文优化的结果，其他因素不变，每个水平重复5次，测定AMEP蛋白的产量，确定适宜的氮源种类。

4. Plackett–Burman试验

本试验以蛋白产量为响应变量，在单因素试验的基础上选取碳源、氮源、C/N、无机离子（NaCl）、初始pH、培养时间、培养温度作为Plackett–Burman试验的7个因素。通过软件设计试验次数为12的设计方案，另外再加上5次重复，每个因素分别取1和–1两个水平，随后测定各个试验次数中AMEP蛋白的产量，确定对AMEP蛋白产量有较大影响的因素。

5. Box–Benhnken试验

在Plackett–Burman试验的基础上，筛选出3个对蛋白产量影响最大的影响因子，其他因素保持初始水平，每个因素取3个水平，以（–1，0，+1），通过响应面试验设计的Box–Benhnken方法对3个主要因素进一步优化，建立主要影响因素与蛋白质产量的二次多项数学模型，找出AMEP蛋白产量的最佳值。设计3因素、3水平，共17次的试验分析，其中12个为试验点、5个为重复。然后进行AMEP蛋白产量测定，以蛋白产量为响应值，经回归分析后，确定函数方程式，并且根据 Box–Benhnken 试验设计优化三种因素的最佳水平，得出AMEP蛋白产量的最佳培养条件。

6. 发酵条件验证试验

对上文得到的最佳培养条件进行重复性验证，按照最佳条件进行BU396菌株的发酵培养，提取纯化蛋白，测定蛋白浓度。随后与理论蛋白产量进行比较，检验模型的有效性。

（二）结果与分析

1. 单因素试验

（1）碳源种类的选择。本试验分别用甘露醇、葡萄糖、乳糖、麦芽糖、蔗糖代替培养基中的碳源。通过纯化和浓度测定所得的数据经软件Origin 8.5制成如图3.1所示柱形图。由方差分析可知，用甘露醇作为碳源时蛋白产量最高，且与其他碳源具有显著性差异（$P<0.05$）。说明用甘露醇作为碳源的条件下，AMEP蛋白表达产量最高，为最佳碳源。

（2）氮源种类的选择。本试验分别用硫酸铵、大豆蛋白胨、酵母提取物、尿素、蛋白胨、氯化铵对氮源种类进行优化。通过纯化和浓度测定所得的蛋白质产量数据经软件Origin 8.5制成如图3.2所示的柱形图。由方差分析可知，在用酵母提取物作为氮源时蛋白产量最高，且与其他氮源种类有显著性差异（$P<0.05$）。值得注意的是，在使用无机氮源时AMEP蛋白无表达。这说明在用酵母提取物作为氮源的条件下，AMEP蛋白的表达产量最高，为最佳氮源。

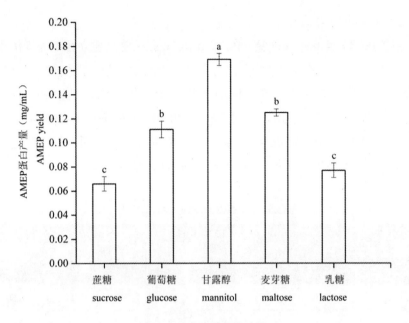

图3.1　碳源种类的选择

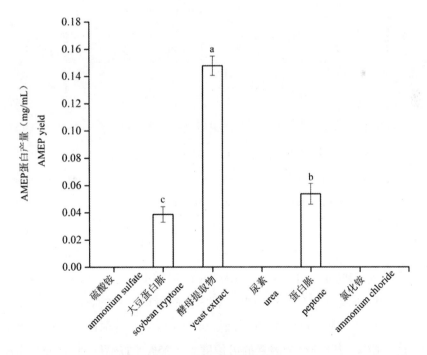

图3.2　氮源种类的选择

2. 响应面优化试验

（1）Plackett–Burman试验。Plackett–Burman试验是建立在单因素优化试验的基础上，对培养基的成分及培养条件共7个因素进行了试验次数为12的实验，每个因素取–1和1两个不同的水平进行试验。本试验以AMEP蛋白的产量为试验参考指标，利用Design Expert 7.0软件中的Plackett–Burman功能对试验中的7个因素进行随机组合（表3.1），依据表中每个因素的取值进行蛋白产量测定，试验结果表明：试验号为4时蛋白产量最高。

表3.1　Plackett–Burman试验表

试验号	碳源(g/L)	氮源(g/L)	碳源/氮源	无机离子(g/L)	初始pH	培养时间(h)	培养温度(℃)	蛋白产量(mg/mL)
1	1	–1	–1	–1	1	1	1	0.50
2	1	–1	1	1	–1	1	–1	0.60
3	1	1	–1	1	–1	–1	–1	0.45
4	–1	1	1	1	–1	1	1	0.61
5	–1	–1	1	1	1	–1	1	0.51
6	–1	1	–1	–1	–1	1	1	0.45
7	1	1	–1	1	1	–1	1	0.45
8	1	–1	1	–1	–1	–1	1	0.50
9	–1	–1	–1	1	1	1	–1	0.50
10	–1	1	1	–1	1	–1	–1	0.46
11	1	1	1	–1	1	1	–1	0.45
12	–1	–1	–1	–1	–1	–1	–1	0.30

为了确定Plackett–Burman结果中7个因素的重要性，使用SPSS软件分析各个因素的主效应。由表3.2可知，各因素对蛋白产量的影响从大到小顺序为：氮源用量、初始pH、培养时间、碳源用量、培养时间、无机离子、培养温度、C/N。其中有3个因素的可信度大于95%（置信区间），分别为氮源

用量、初始pH、培养时间，由此确定这3个主要因素进行后续的优化。

表3.2　各因素的主效应分析

因子	水平		方差分析		
	−1	1	T检验	Pr > T	重要性
碳源用量（g/L）	5	15	1.680	0.154	4
无机离子(g/L)	0.5	1.5	0.759	0.482	5
培养时间（h）	20	24	2.603	0.048	3
氮源用量(g/L)	5	15	3.212	0.020	1
培养温度（℃）	26	30	−0.244	0.817	6
初始pH	7	9	3.367	0.021	2
碳源/氮源	1:1	1:3	−0.206	0.845	7

（2）Box-Behnken试验分析。为了提高BU412中AMEP蛋白的产量，对3个主要因素（氮源用量、pH、培养时间）进行优化，将3个主要因素编码为−1、0、1（表3.3）。本试验一共设计17组，并且每组试验重复3次，提高试验精准性，以便得到培养BU412最佳的条件。

表3.3　主因素水平设计表

试验号	氮源用量（g/L）	初始pH	培养时间（h）	蛋白浓度（mg/mL）
1	−1（10）	0（7）	1（32）	1.565
2	−1（10）	0（7）	−1（24）	0.512
3	0（15）	−1（6）	1（32）	1.882
4	0（15）	1（8）	1（32）	1.594
5	−1（10）	−1（6）	0（28）	0.512

续表

试验号	氮源用量（g/L）	初始pH	培养时间（h）	蛋白浓度（mg/mL）
6	0（15）	0（7）	0（28）	1.855
7	1（20）	0（7）	-1（24）	1.313
8	1（20）	0（7）	1（32）	1.642
9	0（15）	1（8）	-1（24）	1.037
10	0（15）	0（7）	0（28）	1.987
11	0（15）	0（7）	0（28）	1.896
12	0（15）	-1（6）	-1（24）	0.665
13	-1（10）	1（8）	0（28）	1.337
14	0（10）	0（7）	0（28）	2.038
15	0（10）	0（7）	0（28）	2.019
16	1（20）	-1（6）	0（28）	1.485
17	1（20）	1（8）	0（28）	1.387

注：各因素水平括号前为编码值，括号内为实际值。

使用Design Expert 7.0软件对这些数据进行详细的分析，构建出二次响应面回归方程为：

$R1=1.96+0.24A+0.10B+0.39C-0.23AB-0.18AC-0.16BC-0.41A^2-0.37B^2-0.29C^2$（A代表氮源用量，B代表初始pH，C代表培养时间）。

由回归方程分析结果可见（表3.4），3个因素（A、B、C）包括3个因素间的相互作用（AB、AC、BC）均对AMEP蛋白的产量具有显著影响。回归方程的F值为31.94，$P>F$的概率小于0.000 1，说明该方程具有显著性。R^2为97.62%，调整后的R^2为94.57%，说明方程具有较好的拟合效果。CV值为8.17%，该值为试验准确度的代表，值越低意味着此试验的准确度越高，由此可知该Box-Benhnken试验较为合理准确，具有实际参考价值。失拟检验结果不显著，说明该二次模型拟合效果较好。经预测，AMEP蛋白产量的最佳条件为酵母提取物15.83 g/L、pH 6.94、培养时间30.55 h，预期最佳产量为2.10 mg/mL。

表3.4　回归方程分析结果

项目	平方和	自由度	均方	F	$P>F$
模型Model	4.06	9	0.45	31.94	< 0.000 1
A	0.45	1	0.45	31.96	0.000 8
B	0.08	1	0.08	5.82	0.046 6
C	1.25	1	1.25	88.10	< 0.000 1
AB	0.21	1	0.21	15.07	0.006 0
AC	0.13	1	0.13	9.27	0.018 7
BC	0.11	1	0.11	7.71	0.027 5
A^2	0.70	1	0.70	49.50	0.000 2
B^2	0.58	1	0.58	41.04	0.000 4
C^2	0.36	1	0.36	25.64	0.001 5
残差Residual	0.10	7	0.01		
失拟项Lack of Fit	0.07	3	0.02	3.86	0.112 5
纯误差Pure Error	0.03	4	0.01		
总和Total	4.16	16			

　　通过Design Expert 7.0软件得到响应面图和等高线图,在其他变量条件最优的情况下,每一个响应面都对应着两个主要因素相互作用进而对响应变量产生的影响,而等高线约接近椭圆状,则表示两个单因素之间的相互作用越明显。由图3.3～图3.5可见,氮源用量、初始pH、培养时间这3个因素之间每两个因素都存在交互作用,与AMEP蛋白的产量提高都有密切关系。图3.3显示了氮源用量与初始pH的交互作用,中度偏高的氮源用量和中度的初始pH是维持AMEP蛋白高表达量的关键。在图3.4和图3.5中都可以发现,培养时间越长,AMEP蛋白产量越高,但在高度时会导致产量有所下降;而氮源用量和初始pH在超过中度后则会导致蛋白产量的下降。

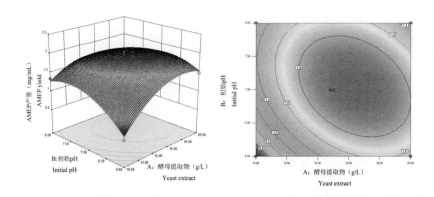

图3.3   氮源与初始pH交互作用的响应面图和等高线图

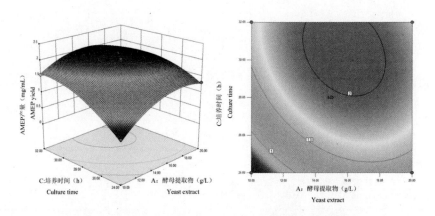

图3.4   氮源与培养时间交互作用的响应面图和等高线图

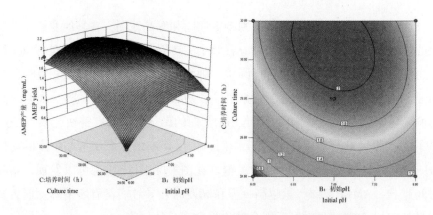

图3.5   初始pH与培养时间交互作用的响应面图和等高线图

（3）最佳培养条件验证。为了检验优化试验结果的准确性，按照响应面优化方案得到的最佳培养条件进行后续的验证试验，试验重复6次，随后通过NanoDrop对各组AMEP蛋白的表达量进行检测，初始培养条件得到的AMEP蛋白表达量为0.32 mg/mL，优化后的AMEP蛋白的表达量为2.16 ± 0.12 mg/mL，AMEP蛋白的产量提升了5.75倍。此外，优化试验得到AMEP蛋白产量的实际值与预测理论值（2.10 mg/mL）接近。结果表明，经响应面试验优化得到的发酵条件相关参数准确可靠，进一步验证了回归模型的有效性，与预期相符合。

（三）讨论

在之前的研究中，大多数蛋白激发子都是从植物病原菌中分离得到[29-33]。然而，AMEP蛋白是从经典的生防菌株芽孢杆菌中鉴定而来。这两类菌株的最大区别在于蛋白激发子的产量。植物病原菌表达蛋白激发子的能力均较弱，因此植物病原菌来源的蛋白激发子大都通过基因工程重组表达的方式获取。与之相反，芽孢杆菌具有良好的蛋白表达能力，是抗菌肽、酶和杀虫蛋白的重要来源[34, 35]。在我们之前的研究中[12]，AMEP蛋白在芽孢杆菌中的天然表达量就已经达到0.32 mg/mL，这与一些高效率的重组表达系统的表达量相当。此外，由于AMEP蛋白具有一定的抗菌活性，对表达工程菌株具有抑制现象，因此并不适合于重组表达系统。综合考虑以上因素，我们仍然坚持使用芽孢杆菌进行AMEP蛋白的表达。

最初，AMEP蛋白是从枯草芽孢杆菌BU412中分离鉴定的。然而，在本研究中，我们并未采用BU412作为发酵表达菌株。经BLAST分析发现，AMEP的编码基因在芽孢杆菌属的多种菌株中广泛分布[11]。在前期预实验中发现，AMEP蛋白在本实验室保藏的多种芽孢杆菌中均有表达，且表达量存在差异，其中以贝莱斯芽孢杆菌BU396表达AMEP蛋白的产量最高。因此，本研究以贝莱斯芽孢杆菌BU396作为AMEP蛋白的表达菌株进行发酵条件优化，以节约时间和成本，更容易获得更高表达产量。

以往的发酵条件优化的响应指标多为活菌数、发酵混合产物的产量或功能活性等，而本研究发酵条件优化的响应指标则具体到一种蛋白质分子的精确产量。AMEP蛋白质的最终产量与多种生化反应进程相关，比如编码基因的转录和翻译、蛋白质的外分泌转运、蛋白质的降解等。由于AMEP蛋白的生物合成需要大量的氨基酸作为原料，氮源用量的多少直接会影响蛋白质生物合成量，成为最显著的影响因素。然而，氮源用量过高，也会导致蛋白产量的下降，这可能与C/N失调有关[36-38]。初始pH不仅会影响菌株对外界营养的吸收，还可能会对蛋白质外泌所依赖的转运通道产生影响，因此也成为AMEP蛋白表达的主要影响因素之一[39, 40]。培养时间则涉及蛋白质的表达与降解之间的平衡问题，培养时间过短会导致表达量不高，而培养时间过久则面临蛋白质的降解问题[41]。本章中优化得到的培养时间应该是蛋白质表达与降解之间达到平衡的一个时间点。此外，各因素之间的交互作用也对最终的条件确定产生了一定影响。本研究最终确定了BU396菌株的最佳发酵培养条件，实现了提高AMEP蛋白产量的目的。

本研究以枯草芽孢杆菌BU412为表达菌株，对其培养条件进行了优化，提高了AMEP蛋白的表达量。首先通过单因素试验确定甘露醇为最佳碳源，酵母提取物为最佳氮源；随后通过Plackett-Burman设计从众多培养条件因素中筛选出氮源用量、初始pH和培养时间为主要因素；进一步通过Box-Behnken试验对这3个主要因素进行了响应面优化，并确定酵母提取物15.83 g/L、pH 6.94、培养时间30.55 h为最佳培养条件；最后通过验证试验确认AMEP蛋白产量提高至2.16 mg/mL。本研究大幅度提高了AMEP的表达产量，为AMEP蛋白的大量制备和开发应用提供了参考和依据。

二、AMEP蛋白的发酵罐发酵

AMEP植物疫苗的主要活性成分为AMEP蛋白（Genbank登录号：WP_017418614.1），是由枯草芽孢杆菌BU412（中国典型培养物保藏中心CCTCC保藏编号：M2016142）外分泌表达到培养液上清中。在实验室阶段的研究中，使用YME培养基进行小规模摇瓶发酵，AMEP蛋白在上清中的表达量为3 mg/mL。虽然这个表达量已属于高表达水平，但是在蛋白大规模表达中，高密度发酵还可以将蛋白表达量进一步提高。此外，高密度发酵还可以提高表达效率，减少表达空间，节约表达成本。因此，本项目计划完善基于高密度发酵的自动化两级生物发酵体系，实现AMEP蛋白的高效表达。

生物发酵罐是一种对物料进行机械搅拌与发酵的设备，在微生物发酵、制药、生物产品的开发过程中起着特别重要的作用。该设备采用内循环方式，用搅拌桨分散和打碎气泡，它溶氧速率高，混合效果好（图3.6）。生物发酵罐主要有罐体、搅拌器、挡板、空气分布器、冷却管（或夹套）、消泡器、人孔、一体视灯视镜等主要部件组成。此外，生物发酵罐还包括物料进出口、冷却液进出口、液位显示接口、温度传感器接口、pH计接口、压力传感器接口、空气呼吸器接口、CIP接口、消泡电极接口、流量计接口、仪表控制系统（图3.7、图3.8）。

本小节计划使用2吨–20吨的自动化两级生物发酵罐，其技术参数为：

（1）系统组成：空气过滤系统、蒸汽过滤系统、恒温系统、管路系统、辅助系统、传感器与一次仪表系统、下位机现场控制系统（PLC控制系统，含二次仪表）等组成。

（2）罐体系统：罐体为2吨–20吨，装液系数70%～80%。罐体材质为SUS316L/SUS304优质不锈钢，可高温灭菌，耐酸碱。

设计压力：0.3 Mpa，工作压力：0.15 Mpa。罐体结构：侧视镜/顶视镜1个，投料口、接种口1个，标准温度、pH、DO传感器插口各1个，消泡电极接口1个，标准通用补料接口2个，出料口1个，内表面抛光光洁度$R_a \leq 0.4$ um，外表面抛光光洁度$R_a \leq 0.6$ um。灭菌方式：在位蒸汽灭菌。

（3）机械系统：机械搅拌，二挡平直叶、涡轮式压迫斜叶，桨片高度可调，亦可根据发酵工艺的特殊要求更换不同类型的搅拌桨、调速控制器。搅拌转速：150～1 000 rpm，50～740 rpm。

（4）管路系统：不锈钢管路及不锈钢阀门、关键部位使用隔膜阀。

（5）控制系统：实现温度、转速、消泡、补料、pH、DO控制和监测；可随时在手动控制与自动控制之间切换；系统由下位机控制系统、传感器和执行机构等组成，落地式控制柜，中文菜单与界面，可记录并显示多条参数曲线。

（6）配套设备：配套无油空压机、蒸汽发生器。

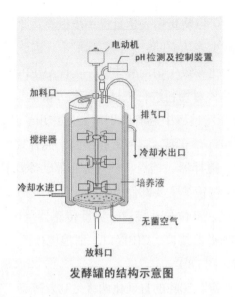

图3.6　发酵罐原理示意图

图3.7　2021年AMEP植物疫苗使用的自动化两级生物发酵罐二层实景图

图3.8   2021年AMEP植物疫苗使用的自动化两级生物发酵罐一层实景图

第二节   AMEP植物疫苗的喷雾干燥

一、喷雾干燥参数的摸索

根据前期的研究发现，AMEP蛋白在培养液上清中大量存在，由于其具有良好的热稳定性，可以通过喷雾干燥处理提高其利用率。喷雾干燥是瞬间将雾化的物料通过高温高压的空气除去其中的水分，在短时间内将水溶液的物料干燥成粉末状的物料[42]。从而便于物料的使用和储存，可以应用于各种领域当中，如医药工业、生物工业、化学工业、食品工业等。喷雾干燥具有干燥速度快、时间短、生产能力大等优点，尤其适用于生产规模大、热敏性较强的物料水溶液的干燥[43]。

研究和分析喷雾干燥的最优工艺条件，对提升物料的产量和质量有很大价值。本章节对枯草芽孢杆菌的喷雾干燥工艺进行了优化，通过单因素试验确定了进风温度、通气量、和雾化压力对于AMEP蛋白喷雾干燥的产量和质量有影响作用，然后继续对AMEP蛋白喷雾干燥的进风温度、通气量和雾化压力进行三因素三水平中心组合试验，从而得出AMEP蛋白最佳工艺参数[44]。

（一）材料与仪器

实验材料为枯草芽孢杆菌BU412，由本实验室分离并保存。

试验所用仪器名称及厂商见表3.5。

表3.5　实验仪器

仪器名称	型号	生产厂商
小型喷雾干燥仪	B-290	步琦实验室设备贸易(上海)有限公司
磁力加热搅拌器	79—1	常州市金坛科兴仪器厂
全温振荡器	HZQ—QX	哈尔滨东联电子技术开发有限公司
旋涡混匀器	QL-901	海门市其林贝尔仪器制造有限公司
洁净工作台	DL-CJ-1ND-Ⅱ	北京东联哈尔仪器制造有限公司
细菌恒温培养箱	DNP—9052	上海精宏实验设备有限公司
紫外微量分光光度计	MiVU-1	上海昂拉仪器有限公司
可见分光光度计	S23A14247	上海棱光技术有限公司

（二）喷雾干燥方法

1. AMEP蛋白喷雾干燥的单因素试验

将纯化后100 mg/mL的AMEP蛋白用低盐溶液稀释为3.13 mg/mL，测得蛋白含量为70.43 mg的AMEP蛋白溶液，用B-290小型喷雾干燥仪干燥，空气通过空气压缩机，并通过加热，以一定的压力进行喷雾干燥，通针数为1.0次/秒，蠕动泵以10%的速度进样。依次对进风温度、通气量、雾化压力进行单因素试验，保持通气量、雾化压力不变而进风温度逐渐升高依次进行试验，保持进风温度、雾化压力不变而通气量逐渐升高依次进行试验，保持进风温度、通气量不变而雾化压力逐渐升高依次进行试验，得到的粉末通过旋风分离器进入到收集皿中，取0.2 g粉末测量蛋白含量。

2. AMEP蛋白喷雾干燥的中心组合试验

将纯化后的100 mg/mL AMEP蛋白用低盐溶液稀释为3.13 mg/mL，测得蛋白含量为70.43 mg的AMEP蛋白溶液，用B-290小型喷雾干燥仪干燥，B-290小型喷雾干燥仪基础参数中通针数为1.0次/秒蠕动泵流量为100 mL/h。在此基础上，选用进风温度、通气量和雾化压力三因素做中心组合试验。进风温度为120 ℃、135 ℃、150 ℃，通气量为70%、85%、100%，雾化压力40 Pa、50 Pa、60 Pa进行试验。

（1）进风温度对喷雾干燥的影响。通过单因素试验发现，进风温度影响干燥效率和干燥效果，而且会影响产品的颗粒状态、吸湿性等。虽然AMEP蛋白具有良好的热稳定性，但进风温度仍不宜过高，因为进风温度过高会使产品产生焦化现象；进风温度也不宜偏低，因为温度偏低时会使干燥速度降低、干燥不完全，而且容易产生粘壁、潮粉等现象，使得粉量降低。因此进风温度宜在120～150 ℃，从而确保以适宜的速度进行干燥。

（2）通气量对喷雾干燥的影响。通过单因素试验发现，通气量影响干燥速度和干燥能力。由于所通气体为高温高压的空气，通气量过大会使产品的收集难度加大，产品不易收集而且会产生焦糊，降低产品产量；通气量过小则会影响干燥速度，使干燥效率大大降低。所以通气量宜在70%～100%，从而保证干燥效率不受影响。

（3）雾化压力对喷雾干燥的影响。通过单因素试验发现，雾化压力会影响产品的颗粒大小。雾化压力过大会使产品颗粒过小，在通过旋风分离器时，产品不易进入收集皿中，从而降低得粉量；雾化压力过小会使干燥时雾化液滴过大，降低干燥速度，所以雾化压力宜40～60 Pa，降低雾化压力对干燥的影响。

（三）喷雾干燥工艺参数的确定

本次实验使用的B–290小型喷雾干燥仪固定参数通针数为1.0次/秒，蠕动泵流量为100 mL/h，在上述的固定参数下，本实验采取了进风温度、通气量、和雾化压力3个因素来进行中心组合试验。设计如表3.6所示，结果如表3.7所示。

表3.6　实验方案的设定

水平	进风温度℃X1	通气量%X2	雾化压力X3
−1	120	70	40
0	135	85	50
1	150	100	60

表3.7　中心组合实验设计及结果

因素	X1	X2	X3	Y
1	−1	−1	0	33.49
2	1	−1	0	34.33
3	−1	1	0	31.28
4	1	1	0	31.79
5	−1	0	−1	36.28
6	1	0	−1	31.68
7	−1	0	1	31.43
8	1	0	1	31.47
9	0	−1	−1	41.63
10	0	1	−1	22.37
11	0	−1	1	33.47
12	0	1	1	32.05
13	0	0	0	50.81
14	0	0	0	47.62
15	0	0	0	39.27
16	0	0	0	46.67
17	0	0	0	51.28

（四）回归模型的建立与分析

通过Design Expert 10软件对表中数据进行处理，得到回归方程显著性检验与方差分析表（表3.8）以及多元二次回归方程模型，其中以AMEP蛋白喷雾干燥后蛋白含量为响应值Y：

$Y=47.13-0.40X1-3.18X2-0.44X3-7.04X1^2-0.080X1X2+1.16X1X3-7.37X2^2+4.46X2X3-7.38X3^2$

从表3.8看出，回归模型Prob>F值小于0.05，表明该模型方程显著，该试验方法准确可靠，可以用该回归方程代替真实试验点对试验结果进行分析和预测。模型拟合程度良好，其中线性显著，即试验选择的3个因素对AMEP蛋白的喷雾干燥产物蛋白含量具有非常明显的效果。我们从上面的二次回归方程模型就可以看出来，我们的二次回归方程模型是可以使用的。

从表3.8看出，影响AMEP蛋白的喷雾干燥产物蛋白含量的因素按影响大小顺序依次为：通风量>雾化压力>进风温度。

表3.8　回归方程显著性检验与方差分析表

方差来源	平方和	自由度	均方	F值	P值	显著性
模型	913.51	9	101.50	5.28	0.019 6	significant
A	1.29	1	1.29	0.067	0.803 1	
B	80.84	1	80.84	4.21	0.079 4	
C	1.57	1	1.57	0.082	0.783 5	
AB	0.027	1	0.027	1.417E-003	0.971 0	
AC	5.38	1	5.38	0.28	0.613 0	
BC	79.57	1	79.57	4.14	0.081 3	
A^2	208.46	1	208.46	10.85	0.013 2	
B^2	228.78	1	228.78	11.91	0.010 7	
C^2	229.25	1	229.25	11.93	0.010 6	
残差	134.49	7	19.21			
失拟项	41.50	3	13.83	0.59	0.650 8	Not significant
纯误差	93.00	4	23.25			
总变异	.00	16				

　　各因素对AMEP蛋白的喷雾干燥产物蛋白含量的整体趋势可以由响应曲面图形很直观地反映出来，等高线图中，其密集程度则能反映两个因素变化对AMEP蛋白的喷雾干燥产物蛋白含量的影响程度，响应面坡度越陡，等高线呈椭圆形，说明该因素对AMEP蛋白的喷雾干燥产物蛋白含量的影响越大；相反，坡度相对平缓，等高线呈圆形，说明该因素对AMEP蛋白的喷雾干燥产物蛋白含量的影响越小。显著性交互项等高线图及响应曲面图如图3.9～图3.14所示。

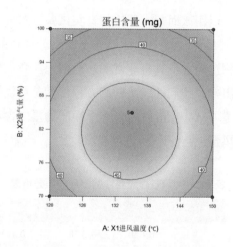

图3.9　进风温度和通气量对AMEP蛋白的喷雾干燥产物蛋白含量的影响的等高线

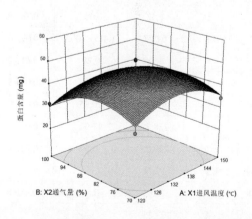

图3.10　进风温度和通气量对AMEP蛋白的喷雾干燥产物蛋白含量的影响的响应曲面

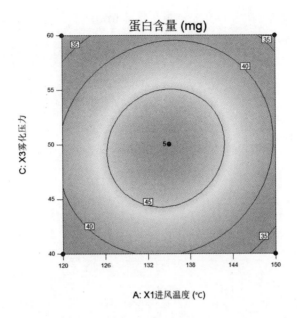

图3.11　进风温度和雾化压力对AMEP蛋白的喷雾干燥产物蛋白含量的影响的等高线

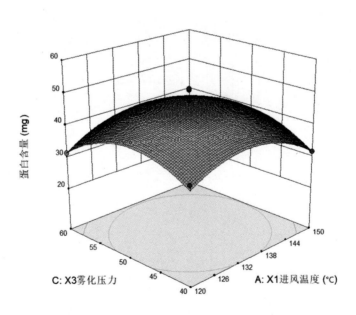

图3.12　进风温度和雾化压力对AMEP蛋白的喷雾干燥产物蛋白含量的影响的响应曲面

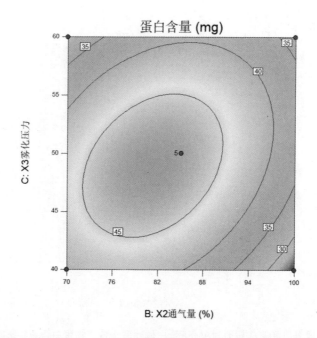

图3.13　通气量和雾化压力对AMEP蛋白的喷雾干燥产物蛋白含量的影响的等高线

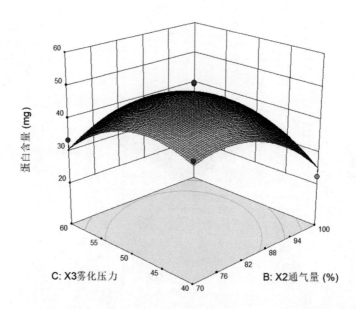

图3.14　通气量和雾化压力对AMEP蛋白的喷雾干燥产物蛋白含量的影响的响应曲面

通过上述分析确定了最佳喷雾干燥工艺条件为：进风温度134.46 ℃、通气量81.27%、雾化压力48.92 Pa。在此条件下AMEP蛋白的喷雾干燥产物蛋白含量为47.56 mg，因为想要确定响应面分析法预测的结果是否具有合理性和可靠性，我们运用上面所说到的优化参数来对AMEP蛋白进行喷雾干燥的实际实验。由于考虑喷雾干燥的实际实验的方便性，把喷雾干燥工艺参数调整为进风温度134 ℃、通气量81%、雾化压力49 Pa，3次平行试验测得AMEP蛋白的喷雾干燥产物蛋白含量为47.32，与理论预测值比较误差为0.50%。因此，采用响应面分析法优化得到的喷雾干燥参数准确可靠，具有重要的理论依据。

（五）结论

在喷雾干燥方面，首先依次对进风温度、通气量、雾化压力进行单因素试验，因为喷雾干燥属于瞬时高温[45]，所以喷雾干燥时要考虑所喷物料种类是否能够承受高温等物理性质、化学性质等因素，通过单因素试验得出进风温度宜在120～150 ℃，而通气量则会影响产品的收集，通气量的参数如果不适合喷雾干燥则会导致产品的损失过大，如果产品的损失过大，会影响AMEP蛋白的含量测定，使之结果偏低，通过单因素试验得出通气量宜在70%～100%，雾化压力会影响AMEP蛋白产物的颗粒大小和状态，颗粒过大过小同样会影响产品的收集，通过单因素试验得出雾化压力宜在40～60 Pa，确定了各个条件的最优区间。在此基础上，选用进风温度、通气量、和雾化压力三因素做中心组合试验，得出了AMEP蛋白的最佳喷雾干燥工艺条件为：进风温度134.46 ℃、通气量81.27%、雾化压力48.92 Pa。

喷雾干燥是由喷雾干燥器的喷嘴将原料液分裂雾化[46]，但现在大多数的喷雾干燥器的喷头为单喷头，当喷雾干燥原料较少时尚可以满足喷雾干燥要求[47]。但实际生产时，喷雾干燥设备大多要进行连续大量的喷雾干燥，当生产量过大时，喷雾干燥过程就有可能出现喷雾不完全、原料液的受热不充分，导致雾化的原料液没有即时被加热[48]，从而重新变成液滴流下造成原料的损失。原料的损失在实验室当中可以暂时不去考虑，因为实验室中所用的材料和设备都是较为小型的[49]，原料损失过大也不会产生巨大的损失。但是在实际的工厂生产中应该将原料的损失摆在相当重要的地位，因为工厂生产当中所用的材料和设备都是大型的，一旦原料的损失比例上升，造成的损失将是巨大的[50]。刘殿宇[51]提出了多喷头喷枪结构，其雾化效果更好。区家勤[52]等发现喷枪过长会导致料液受热和受力不均匀，使得喷雾方向发生改变且黏度较大的物料易发生堵塞，所以在进行喷雾干燥时应尽量降低物料的黏度。

二、大规模喷雾干燥

经过高密度发酵的自动化两级生物发酵体系生产的AMEP蛋白发酵产物为液体制剂，这不利于AMEP蛋白活性成分的保持，其体积重量也为储存和运输增加了不便。因此，将AMEP蛋白液剂制作成粉剂，是解决以上问题的最佳选择。工业生产中常用的粉剂制作方法为喷雾干燥，而AMEP蛋白具有耐热的特点，在沸水浴下加热30 min不发生变性，完美适应喷雾干燥过程中的高温环境。由此，本项目将建设喷雾干燥的粉剂加工体系，将AMEP蛋白液剂制作成有利于活性保持和便于储存运输的粉剂。

喷雾干燥机为连续式常压干燥器的一种。其原理是用特殊设备将液料喷成雾状，使其与热空气接触而被干燥。空气经过滤和加热，进入干燥器顶部空气分配器，热空气呈螺旋状均匀地进入干燥室。料液经塔体顶部的高速离心雾化器，旋转喷雾成极细微的雾状液珠，与热空气并流接触在极短的时间内可干燥为成品。成品连续地由干燥塔底部和旋风分离器中输出，废气由引风机排空（图3.15）。

高速离心喷雾干燥是液体工艺成形和干燥工业中最广泛应用的工艺，最适用于从溶液、乳液、悬浮液和糊状液体原料中生成粉状、颗粒状固体产品。因此，当成品的颗粒大小分布、残留水分含量、堆积密度和颗粒形状必须符合精确的标准时，喷雾干燥是一道十分理想的工艺。干燥速度快，料液经雾化后表面积大大增加，在热风气流中，瞬间就可蒸发95%～98%的水分，完成干燥时间仅需数秒钟，特别适用于热敏性物料的干燥。产品具有良好的均匀度、流动性和溶解性，产品纯度高，质量好。生产过程简化，操作控制方便。对于含湿量40%～60%（特殊物料可达90%）的液体能一次干燥成粉粒产品，控制和管理都很方便。

图3.15　2021年AMEP植物疫苗生产使用的喷雾干燥设备实景图

本项目计划建设日处理能力为2吨的喷雾干燥体系，其主要技术参数见表3.9：

表3.9　LPG200型喷雾干燥塔的技术参数

产品型号	LPG200
蒸发能力（kg水/h）	200
干燥塔直径（m）	2.0
占地（长×宽）（m）	8.8×8
高度（m）	10
雾化形式	气流式喷嘴雾化
进风温度（℃）	120～170 ℃
雾化压力	0.4～0.88 MPa压缩空气
其他	蒸发能力指进风温度为170 ℃时脱除纯水的能力 热源：天然气

第三节   AMEP植物疫苗的大规模生产

发酵过程包括：

（1）枯草芽孢杆菌的活化和种子液制备。

（2）发酵培养基准备与上罐灭菌；基础料培养基配方：酵母粉3%，葡萄糖3%。

（3）接种进行高密度发酵；对数生长期（大约接种后6 h）温度控制在37 ℃，稳定期控制温度为31 ℃（图3.16、图3.17）。发酵周期约2 d。

（4）发酵产物的浓缩与调配，制成AMEP蛋白免疫激活剂粉剂（图3.18）。

图3.16   发酵进行到对数生长期时的革兰氏染色

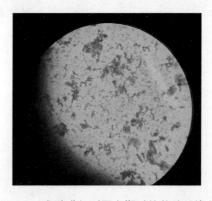

图3.17   发酵进行到平台期时的革兰氏染色

图3.18　AMEP植物疫苗生产成型的粉剂

参考文献

[1] Akbarbaglu Zahra.Spray drying encapsulation of bioactive compounds within protein−based carriers; different options and applications[J]. Food Chemistry, 2021, 359 : 129965−129965.

[2] Habtegebriel H, Wawire M, Sila D.The Effect of Pretreatment（Spray Drying）on the Yield and Selected Nutritional Components of Whole Camel Milk Powder[J]. Journal of Food Science, 2018, 83(10−12):2983−2991.

[3] Koc G C, Dirim S N.Spray Drying of Spinach Juice:Characterization, Chemical Composition, and Storage[J]. Journal of Food Science, 2017, 82(10−12):2873−2884.

[4] Arpagaus C. Nano spray drying for encapsulation of pharmaceuticals[J]. International Journal of Pharmaceutics，2018，546(1–2)：194–214.

[5] Davis M，Walker G. Recent strategies in spray drying for the enhanced bioavailability of poorly water–soluble drugs[J]. Journal of Controlled Release，2018，269：110–127.

[6] Wei Q，Keck C M，RH M ü ller.Solidification of hesperidin nanosuspension by spray drying optimized by Design of Experiment（DoE）[J]. Drug Development and Industrial Pharmacy，2017，44(1):1–34.

[7] Kalenov S V，Gordienko M G，Murzina E D，et al. Halobacterium salinarum storage and rehydration after spray drying and optimization of the processes for preservation of carotenoids.[J]. Extremophiles : life under extreme conditions，2018，22(3):511–523.

[8] Israel Borges Sebastião，Thomas D. Robinson and Alina Alexeenko. Atmospheric Spray Freeze–Drying: Numerical Modeling and Comparison With Experimental Measurements[J]. Journal of Pharmaceutical Sciences，2017，106(1):183–192.

[9] 刘殿宇.多喷头压力喷雾干燥塔喷嘴的设计及注意事项[J].医药工程设计，2013(4):1–3.

[10] 区家勤，王业勤.大型喷雾干燥塔改善喷枪雾化效果的方法初探[J].佛山陶瓷，2016 (8): 34–36.

[11] Shen Y R，Li J W，Xiang J L，et al. Isolation and identification of a novel protein elicitor from a *Bacillus subtilis* strain BU412[J]. AMB Express，2019，9: 117.

[12] Liu Q，Shen Y R，Yin K D. The antimicrobial activity of protein elicitor AMEP412 against *Streptomyces scabiei*[J]. World Journal of Microbiology and Biotechnology，2020，36:18.

[13] Liu Q，Zhang BB，Shen YR，et al. Effect of the protein elicitor AMEP412 from *Bacillus subtilis* artificially fed to adults of the whitefly，*Bemisia tabaci*（Genn.）（Hemiptera: Aleyrodidae）[J]. Egyptian Journal of Biological Pest Control，2020，30: 3.

[14] Plackett R L, Burman J P. The design of optimum multifactorial experiments[J]. Biometrika, 1946, 33: 305-325.

[15] Myers R H, Montgomery D C, Anderson-Cook C M. Response Surface Methodology: Process and Product Optimization Using Designed Experiments[M]. John Wiley & Sons, 2009, New York.

[16] Aanchal, Akhtar N, Kanika, et al. Response surface methodology for optimization of microbial cellulase production[J]. Romanian Biotechnological Letters, 2016, 21(5): 11832-11841.

[17] Laxman R S, Sonawane A P, More S V, et al. Optimization and scale up of production of alkaline protease from *Conidiobolus coronatus*[J]. Process Biochemistry, 2005, 40:3152-3158.

[18] 郑毅, 周虓, 黄勤清, 等. 产耐温蛋白酶苏云金芽孢杆菌FS140液体发酵条件优化[J]. 应用与环境生物学报, 2007, 13(5):708-712.

[19] Dhouha G, Lobna A, Ines M, et al. Investigation of antimicrobial activity and statistical optimization of *Bacillus subtilis* SPB1 biosurfactant production in solid-state fermentation[J]. Journal of Biomedicine and Biotechnology, 2012, 1-12.

[20] Bocchini D A, Alves-Prado H F, Baida L C, et al. Optimization of xylanase production by *Bacillus circulans* D1 in submerged fermentation using response surface methodology[J]. Process Biochemistry, 2002, 38: 727-731.

[21] Deepak V, Kalishwaralal K, Ramkumarpandian S, et al. Optimization of media composition for Nattokinase production by *Bacillus subtilis* using response surface methodology[J]. Bioresource Technology, 2008, 99(17): 8170-8174.

[22] Vijayaraghavan P, Rajendran P, Prakash Vincent S G, et al. Novel sequential screening and enhanced production of fibrinolytic enzyme by *Bacillus* sp. IND12 using response surface methodology in solid-State fermentation[J].BioMed Research International, 2017: 3909657.

[23] Liu X, Ren B, Gao H, et al. Optimization for the production of surfactin with a new synergistic antifungal activity[J]. Plos one, 2012, 7(5): e34430.

[24] Zhao X，Han Y，Tan X，et al. Optimization of antifungal lipopeptide production from *Bacillus* sp. BH072 by response surface methodology[J]. Journal of Microbiology，2014，52(4): 324–332.

[25] Mizumoto S,Shoda M. Medium optimization of antifungal lipopeptide,iturin A, production by Bacillus subtilis in solid–state fermentation by response surface methodology[J]. Applied Microbiology and Biotechnology，2007，76(1): 101–108.

[26] Yang J，Ji J Y，Kang Z S，et al. Optimization of fermentation conditions of antifungal lipopeptide produced by *Bacillus subtilis* E1R–j[J]. Acta Agriculturae Boreali–occidentalis Sinica，2012，21: 54–60.

[27] 申永瑞，向君亮，王佳琦，等. 疮痂链霉菌拮抗菌株BU396的分离鉴定与抗菌性质分析[J]. 微生物学通报，2019，46(10): 2601–2611.

[28] Schaad N W，Jones J B，Chun W. Laboratory guide for the identification of plant pathogenic bacteria[M]. The American Phyto–pathological Society，2001，St. Paul.

[29] Wei Z M，Laby R J，Zumof C H，et al. Harpin，elicitor of the hypersensitive response produced by the plant pathogen *Erwinia amylovora*[J]. Science，1992，257(5066): 85–88.

[30] Che F S，Nakajima Y，Tanaka N，et al. Flagellin from an incompatible strain of *Pseudomonas avenae* induces a resistance response in cultured rice cells[J]. Journal of Biological Chemistry，2000，275(41): 32347–32356.

[31] Hanania U，Avni A. High affinity binding site for ethylene–inducing xylanase elicitor on *Nicotiana tabacum* membranes[J]. The Plant Journal，1997，12(1): 113–120.

[32] Mao J，Liu Q，Yang X，et al. Purification and expression of a protein elicitor from *Alternaria tenuissima* and elicitor–mediated defence responses in tobacco[J]. Annals of Applied Biology，2010，156(3): 411–420.

[33] Ma Z，Zhu L，Song T，et al. A paralogous decoy protects *Phytophthora sojae* apoplastic effector PsXEG1 from a host inhibitor[J]. Science，2017，355(6326): 710–714.

[34] Dave B R，Parmar P，Sudhir A，et al. Optimization of process parameters for cellulase production by *Bacillus licheniformis* MTCC 429 using RSM and molecular characterization of cellulase gene[J]. Journal of Bioprocessing and Biotechniques，2015，5: 3.

[35] Stein T. Bacillus subtilis antibiotics: structures，syntheses and specific functions[J]. Molecular Microbiology，2005，56(4): 845–857.

[36] El–Banna N M，Quddoumi S S. Effect of nitrogen source on the antimicrobial activity of the bacilli air flora[J]. Annals of Microbiology，2007，57(4): 669–671.

[37] Nelly A. Determination of C/N Ratio and development of bioinsecticide production by *Bacillus thuringiensis* using tofu waste cultivation media[J]. International Journal of Food Microbiology，2012，160(2): 119–123.

[38] Samantaray D P，Dash A. Effect of carbon/nitrogen（C/N）ratio on polyhydroxyalkanoates（PHAs）production by *Bacillus* species under submerged fermentation process[J]. Journal of Environmental Biology，2020，41(1): 118–124.

[39] Simonen M，Palva I. Protein secretion in *Bacillus* species[J]. Microbiological Reviews，1993，57(1):109–137.

[40] Manabe K，Kageyama Y，Tohata M，et al. High external pH enables more efficient secretion of alkaline α–amylase AmyK38 by *Bacillus subtilis*[J]. Microbial Cell Factories，2012，11(1): 74.

[41] Zhao X，Han Y，Tan X，et al. Optimization of antifungal lipopeptide production from *Bacillus* sp. BH072 by response surface methodology[J]. Journal of Microbiology，2014，52(4): 324–332.

[42] 郑双凤，谭石勇，谭武贵，等.生防芽孢杆菌高密度发酵技术研究进展[J].湖南农业科学，2017(03):120–124.

[43] 郑秀洁，张云泽，张礼，等.枯草芽孢杆菌高密度发酵的研究[J].盐科学与化工，2020，49(01):15–17.

[44] 李翠凤，徐显睿，张宗博，等.嗜酸乳杆菌Z–43高密度发酵配方及关键工艺条件优化[J].食品安全质量检测学报，2021，12(18):7364–7369.

[45] 冒鑫哲，彭政，周冠宇，等.枯草芽孢杆菌高产角蛋白酶发酵条件优化[J].食品与发酵工业，2020，46(17):138−144.

[46] 刘文龙，刘胜利，王兴吉，等.枯草芽孢杆菌产中性蛋白酶发酵条件的优化[J].化学与生物工程，2019，36(01):47−52.

[47] 申永瑞，宋烨，向君亮，等. 芽孢杆菌BU108抑制疮痂链霉菌发酵条件的优化[J]. 贵州农业科学，2019，47(03):68−72.

[48] Klausmann Peter et al. Bacillus subtilis High Cell Density Fermentation Using a Sporulation−Deficient Strain for the Production of Surfactin.[J].Applied microbiology and biotechnology，2021，105(10)：4141−4151.

[49] 秦艳，李卫芬，黄琴.枯草芽孢杆菌发酵条件的优化[J].饲料研究，2007(12):70−74.

[50] 王全，王占利，高同国，等.响应面法对解淀粉芽孢杆菌（Bacillus amyloliquefaciens）12−7产抗菌蛋白条件的优化[J].棉花学报，2016，28(03)：283−290.

[51] 倪赛，刘银春，李健，等.响应面法优化桔青霉PA−33菌株的发酵工艺[J].华南农业大学学报，2019，40(02):94−102.

[52] 关海宁，郭丽，张明成，等.响应面优化低敏性大豆β−伴球蛋白喷雾干燥工艺研究[J].食品工业，2011(9):13−15.

第一节 实验室效果检验

一、AMEP植物疫苗提高大豆抗旱性

（一）大豆与干旱

大豆在中国的粮食作物中所占的地位是至关重要的，同样在世界上也是产量最高的油料作物，大豆是人们生活中必不可少的物质，它所产出的植物蛋白和大豆油都是人们生活中的必需品。在大豆生长发育的一生中受到很多因素的影响，水分是重要因素之一，它主要影响大豆的生长发育。大豆需要消耗600～800 g的水才能形成1 g的干物质，由此可见大豆生长发育过程中需要消耗大量的水。大豆的植株形态和生理反应都会受到水分的影响，从而影响到产量的形成和品质的好坏。干旱程度的不同对大豆产量影响也不同，干旱的程度越大对其影响越大，有的甚至会绝产[1]。

在众多的非生物逆境中，干旱胁迫一直是影响植物生长的最主要因子之一。干旱条件下，植物失水，造成形态上的叶片萎蔫下垂，植物体内的

水分失去平衡，细胞的水势和膨压下降。若植物较长时间处在干旱状态下，会导致细胞失水现象加重，对植物造成不可逆的伤害，进而导致植物的死亡[2]。为抵御外界伤害，植物经过长期的进化、生长以适应不利的生存环境，自身会发生形态、生理以及生化上的改变来适应胁迫，达到自身正常生长的目的[3]。王辰阳[4]对植物干旱状态下的形态指标进行研究指出，在干旱条件下，土壤水分缺失，植株的茎节之间的活动受阻，茎伸长变缓，植株的株高降低，茎秆与正常相比更细小，并随着土壤水分的减少，植株叶的长度和叶面积变小，叶片长/宽比值减小。植株缺水可通过减缓叶片生长速率和使老叶脱落减小叶面积，即减少植株蒸腾失水[5]。因此，利用高效、绿色、无污染的科学大豆抗旱手段是保证我国粮食安全的重要途径之一。

已有研究表明，一些激发子具有促进植物生长发育的功能，通过刺激植物体内一系列类新陈代谢，调控相关基因表达，增加植物叶绿素含量，促进植物生长，提高植物抗逆性[6]。AMEP蛋白作为一种蛋白激发子，能够有效引起植物的过敏反应、造成活性氧积累和提高抗逆相关蛋白酶浓度等防卫反应。经AMEP蛋白处理，能够诱发植株的系统获得抗性，减轻干旱胁迫产生的伤害。

本试验通过在大豆苗期进行干旱胁迫及复水处理，探究AMEP蛋白对大豆苗期干旱胁迫及复水条件下植株形态和生理代谢、渗透调节、膜脂过氧化及光合特性的响应机制，旨在为干旱环境条件下喷施AMEP蛋白以减轻干旱对大豆的伤害程度提供有效措施。

（二）干旱胁迫机理

1.干旱胁迫对植物形态生长的影响

植物在经历干旱胁迫时会遭受叶片萎蔫、枯黄、植株矮小、有的甚至会死亡，这是由于干旱胁迫影响了植物的内部结构并且导致生理反应异常所引起的。干旱胁迫通过诱导部分叶片脱落以及使叶片面积变小和变厚等途径来改变冠层形态结构，从而减少水分的消耗和散失，同时也增强了保水能力，提高植物对水分亏缺环境的适应能力。研究发现，干旱胁迫诱导叶茎长度变短，叶面积减少，茎秆和叶夹角减少，茎秆直径增加变慢，株高增加减缓[7]；此外干旱胁迫造成叶片失水萎蔫引起叶片下垂[8]，叶片生长缓慢，近地部叶片枯萎脱落加剧，最终减少叶片数目和整体叶面积[9]，通过这些改变来减少水分的散失，增强植物的抗旱性。也有研究指出，干旱胁迫对叶片的影响与叶片的生长状况相关，从近地部至植株顶部的叶片受干旱胁迫的影响逐渐减轻，即干旱对老叶的影响大于新叶片[10]。大豆叶片的研究表明，大豆叶片的茸毛的密集程度和蒸腾速率呈正相关，其原因是茸毛的存在增强了叶片对阳光的反射，而茸毛的密集程度并不影响叶片的光合速率[11]。通过电镜观察发现，不同抗旱品种叶片茸毛的数量和形态差异明显，干旱胁迫下抗旱品种的茸毛数量少于敏感性品种，但抗旱品种的茸毛基部形态相较于敏感型品种呈现膨润而饱满[12]，同时抗旱性大豆品种的叶片栅栏组织细胞排列紧密有序细胞，且细胞面积大，较大的所占比例对于维持较高的叶绿素含量具有重要作用，有利于叶片的气体交换和水分的保持[13]。

2. 干旱胁迫对大豆保护酶活性的影响

逆境胁迫诱导活性氧的生成，细胞内自由基生成和清除的动态平衡破坏，造成氧化胁迫，损伤细胞膜，造成不可逆转的膜蛋白损伤，破坏大分子物质，使有害物质积累，最终引起代谢紊乱，甚至导致植物死亡。但植物形成了清除活性氧的保护酶系统，防止其过度积累，减轻或避免活性氧对膜脂的攻击，防止膜损伤，增强植物抵御胁迫的能力[14, 15]。逆境胁迫下抗氧化酶系统中SOD、POD和CAT在清除植物中活性氧及缓解氧化胁迫方面具有重要作用[16]。不同研究表明，干旱胁迫均会诱导大豆植株中POD活性的增加而在鼓粒期则有明显的下降，SOD和CAT活性整体呈降低的趋势[17]，而花荚期的干旱胁迫会诱导这三种酶活性的增强，其中POD的变化幅度较[18]。SOD是构成植物抗氧化系统的第一道防线[19]，植物细胞中均存在SOD，其酶活性受超阳根阴离子（O_2^-）的诱导，干旱胁迫诱导植物产生大量的O_2^-，植物通过增加SOD酶活性，加快对O_2^-的清除[20]。研究表明，干旱程度不同对SOD酶活性影响也不同，整体表现为重度胁迫抑制，轻度胁迫促进[21]。也有研究发现，任何干旱胁迫对玉米叶片中的SOD没有明显影响，SOD维持较高的活性[22]。POD是植物体内清除活性氧的另一个重要酶类，POD活性的变化反映了植物细胞的衰老，在轻度胁迫环境中或者生长期，POD具有减轻细胞的氧化胁迫的作用，而在重度胁迫及衰老期，POD加剧了活性氧的积累，增强了氧化胁迫程度，加速膜脂过氧化链式反应[23]。CAT催化H_2O_2生成H_2O和O_2^-，抗氧化酶协作减少O_2^-和H_2O_2的积累，进而减少轻自由基的形成，减轻膜脂过氧化程度，保护细胞膜。研究发现轻度干旱胁迫对CAT活性影响不明显[24, 25]，重度干旱胁迫诱导了CAT活性的增加[26]。但随着干旱胁迫时间的延长，水稻的CAT活性表现为降低[27]。

3.干旱胁迫对大豆渗透及膜脂过氧化作用的影响

脯氨酸作为植物渗透调节物质之一，对于植物抵抗逆境具有重要作用。植物可以通过增加体内脯氨酸含量来增强对于逆境（如干旱）的抵抗能力，植物通过增加脯氨酸含量用来抵御干旱胁迫带来的伤害[28, 29]。干旱胁迫可以使植株内Pro含量增加，提高了植物细胞渗透调节能力，降低了干旱对植株的生理伤害，从而增强植株对干旱的抗性[30]。王启明等[31]和张美云等[32]发现，干旱胁迫能使作物中脯氨酸含量升高，来抵抗逆境胁迫对于植物的伤害。植物遭遇干旱时，能促使植株的膜脂过氧化作用增强，丙二醛为膜脂过氧化产物，MDA含量的增加可以反映植物遭遇干旱时的受伤程度，会迫使体内细胞膜的通透性变大，从而影响正常生理功能的发挥[33]。逆境（如干旱、高温、盐胁迫）会增强植物体内细胞的膜脂过氧化，使植物体内细胞膜通透性变大，当植物遭受干旱胁迫时，相对电导率可以反映细胞膜因干旱胁迫造成的损伤程度[34]。此外，相对电导率、丙二醛（MDA）等是表征细胞膜受损的重要指标，经受盐胁迫后，相对导电性越大，胞内MDA越高，则说明植株受盐胁迫损伤越明显[35]。卜令铎等[36]发现，随着干旱胁迫处理时间的增加，MDA含量不断升高。尹航等[37]研究了低温诱导胁迫下烟草叶片的相对电导率和丙二醛含量等生理生化指标的变化规律，随着低温胁迫的加剧，相对电导率呈递增趋势，抗寒性越强，MDA含量也呈单峰曲线趋势。朱鹏锦[38]研究发现，当作物处在较低温度下，幼苗叶片的相对电导率和丙二醛（MDA）含量也随胁迫时间延长而增幅加大。靳路真等[39]发现，高温胁迫能使作物中丙二醛含量呈上升趋势。苗鹏环等[40]研究得出，灌浆期高温使叶片丙二醛（MDA）含量均显著上升。郭艳阳等[41]研究得出，随着干旱胁迫的加剧，玉米叶片内丙二醛含量持续增加；研究表明在受到干旱时，玉米细胞内丙二醛含量增加，可溶性物质如脯氨酸等含量也同样呈现上升趋势，且抗旱性强的品种在干旱胁迫时受到的伤害程度要小于抗旱性弱的品种，在复水后有很好的补偿效应[42, 43]。马玉玲等[44]在初花期设置不同程度干旱处理，随着干旱胁迫程度的增强，膜脂过氧化作用随干旱胁迫程度增强呈逐渐升高趋势。

4.干旱胁迫抑制光合作用

植物光合作用的过程主要包括两部分：光反应PSⅡ和暗反应PSⅠ。光反应主要是吸收光能，合成ATP、NADPH等高能物质，用以维持细胞生长。在光反应PSⅡ系统中，植物叶片所吸收的光的能量有三个走向：光化学反应、热耗散、叶绿素荧光。光化学反应生成光合产物；热耗散通过叶黄素循环抑制热损害，导致叶温升高；荧光是植物吸收的部分光重新以光的形式发射出去，可以说明光系统Ⅱ利用叶绿素吸收能量的程度和过量光线破坏的程度[45]。

通常影响植物光合作用的因素可分为气孔因素和非气孔因素，在干旱胁迫下叶片光合作用被抑制是气孔和非气孔因素共同作用的结果。在一般情况下轻度或中度水分胁迫时气孔因素占主导作用，严重胁迫时非气孔因素起主要作用。Y.Ohashi等人研究表明，轻度土壤水分胁迫下，光合作用下降的主要原因是气孔限制，气孔关闭，气孔导度下降，扩散阻力增加；严重土壤水分胁迫下，光合作用下降的主要原因是非气孔性限制[46]。赵宏伟[47]的研究表明，对不同生育时期的大豆进行干旱处理均使光合速率降低，苗期和成熟期降低幅度最小，分枝期到鼓粒期降低幅度较大，尤其以分枝期和鼓粒期降低幅度最大。

大量研究认为，植株以减缓叶片生长、通过气孔关闭降低与光合作用相关酶的活性以及降低叶绿素含量等方式减免干旱胁迫对叶片叶绿素结构的破坏；同时由于气孔的关闭导致叶片摄入量减少，固定、还原和同化能力降低，从而光合速率减小[48]。轻度干旱胁迫主要由导致气孔调节作用受抑制而引起摄取不足的气孔因素所致，重度干旱胁迫主要由导致叶肉细胞或叶绿体等光合器官的活性降低的非气孔因素所致[49]。判断由于气孔因素制约导致光合速率下降的指标是光合速率（P_n）、细胞间隙CO_2浓度（C_i）、气孔导度（G_s）和蒸腾速率（T_r）[50]。研究结果表明，干旱胁迫导致大豆P_n、C_i、G_s和T_r均大幅度下降，且随胁迫程度的加剧降幅加大[51]，同时伴随着胁迫时间的延长，叶绿素含量呈低—高—低的变化趋势[52]。

5.干旱复水后对作物的影响

作物在生长发育过程中，若某一时期长时间处于缺水状态，则会对作物的产量及品质造成不利的影响，若某一时间段即短期缺水，会对作物形成有利的影响，即干旱后的补偿效应。当作物生长过程中缺水后进行水分补充，作物的恢复状况取决于缺水对作物造成的伤害程度的大小，而干旱后补偿的前提是作物复水后能恢复其形态和生理状况。郭子锋等[53]研究表明，玉米在干旱和复水后，水分利用效率、产量均降低。赵丽英等[54]以玉米为试验材料，在玉米苗期进行干旱和复水处理，测定此时期玉米的生理生化指标，得出玉米幼苗干旱后复水根、茎、叶中的相对含水量均明显提高。刘承等[55]以抗旱性不同的玉米品种进行水分胁迫及复水，结果显示，相对电导率，MDA含量，SOD、CAT、POD活性，可溶性糖、可溶性蛋白、脯氨酸含量在干旱及复水条件下均呈单峰曲线的变化趋势，抗旱性强的玉米品种受到的伤害程度小于抗旱性弱的玉米品种，对其复水后，抗旱性强的玉米品种恢复能力强于抗旱性弱的玉米品种。周雪英等[56]以小麦为试验材料，对其进行干旱后复水处理，结果显示，干旱后复水处理下，小麦叶水势能够恢复到正常水平，且恢复较快，净光合速率（Pn）显著提高且高于正常对照水平，MDA的积累减少，膜透性能够迅速恢复。

6.AMEP蛋白对干旱胁迫缓解的效应

最初发现激发子具有激发植物免疫防御功能，主要体现在抗病功能的研究，随着研究的普遍和深入，激发子研究在抗逆境以及促进植物生长和改善作物品质方面也具有重要应用。目前，植物诱导免疫机制研究已经成为植物学研究领域的热门[57]。利用激发子诱导植物产生抗性，减少化学农药的使用量，在作物病虫害防治中具有广泛的应用前景，是新时期实现我国农业绿色防控的有效途径之一。

研究显示，极细链格孢蛋白激发子Hrip 1，其过表达拟南芥植株增强对干旱的抗性，通过干旱复水实验，与对照实验相比较，过表达植株具有较高的存活率[58]。极细链格孢蛋白激发子PeaT 1，转PeaT 1基因的水稻具有明显提高水稻抗旱能力，在干旱条件下也检测到ABA含量比野生型水稻中含量高，说明PeaT 1影响ABA合成基因的表达，蛋白激发子PebC 1能够诱导小麦抗旱性，与Harpin蛋白具有提高水稻抗旱性类似功能[59]。过表达*IERF5*基因的拟南芥使用Harpin蛋白处理后，能提高拟南芥对盐渗透和外源脱落酸（ABA）的耐受性，说明Harpin蛋白具有激活植物抗干旱能力[60]。蛋白激发子PeaT 1诱导水稻转录组和蛋白组实验中，经分析蛋白激发子诱导AP2、WRKY、Myb家族转录因子的表达，信号途径交叉相互作用，诱导水稻抵御干旱、冷害、高盐等不利因素影响[61]。

　　AMEP蛋白可以诱导植物的防卫反应，例如细胞壁强化、活性氧（Reactive Oxygen Species，ROS）爆发、乙烯生物合成、发病机制相关（Pathogen related，PR）蛋白质的表达与过敏反应（Hypersensitive Response，HR）的诱导。这些防卫反应首先在感染的区域表现出来，称为诱导系统抗性（Induced System Resistance，ISR），然后扩展到非感染区域产生系统获得抗性（System Acquired Resistance，SAR）。前期研究发现，AMEP蛋白具有对部分病原菌（疮痂链霉菌）的抗性和对有害昆虫（白粉虱）的杀伤活性。这意味着AMEP蛋白能够从激发植物免疫、拮抗病原菌和杀伤有害昆虫等多方面对植物健康生长起到促进作用，这样的多重功能在已报道的蛋白激发子中实属少见。且AMEP蛋白通过激活植物自身的免疫系统和生长发育系统，调节植物的新陈代谢，诱导植物产生广谱性的抗病、抗逆能力。对于上述AMEP蛋白作用机制的研究，可以判断AMEP蛋白对植物干旱胁迫也有一定的缓解作用。

（三）材料与方法

1.试验品种

　　试验采用不耐旱大豆品种绥农26为试验材料，无限结荚习性，株高100 cm左右，有分枝，紫花，长叶，灰色茸毛，荚微弯镰形，成熟时呈褐色，种子圆球形，种皮黄色，种脐浅黄色，无光泽，百粒重21 g左右。品质分析平均蛋白质含量38.80%，脂肪含量21.59%。AMEP蛋白为本实验室研发，采用浓度为0.5 mg/mL AMEP蛋白溶液。

2.试验设计

　　盆栽试验于黑龙江八一农垦大学国家杂粮工程技术研究中心实验基地进

行，采用营养土：蛭石（1∶3；w/v）比例混合。挑选大小均匀、饱满的种子，播种于土培养器（直径15 cm，高13 cm），扎浅穴播种，于播种前一天用自来水将土盆浇透，次日选取饱满一致的大豆种子9粒播种，然后覆盖相同土壤，子叶期定苗，每盆保苗5株。

本试验苗期处理在大豆植株真叶期开始。选择均匀一致的材料进行如下处理：

分别在大豆V1期设置喷施蒸馏水（CK）、喷施蒸馏水+干旱胁迫处理（DS）、喷施AMEP蛋白（ACK）、喷施AMEP蛋白+干旱胁迫处理（ADS）。

具体处理方法为：

①喷施蒸馏水且正常供水处理（CK）：将经过喷施蒸馏水的大豆整个苗期间维持土壤含水量始为田间持水量80%，喷施后第1、3、5天进行取样，与干旱胁迫处理复水后的第1、3、5天再次取样。

②干旱胁迫处理（DS）：待经过喷施蒸馏水的大豆生长至苗期开始，通过称重法控制土壤含水量；喷施后进行干旱处理（Drought treatments）在第1、3、5天取样，取样后恢复土壤含水量至田间持水量的 80%（Rewater treatments）的第1、3、5天再次取样，维持正常供水。

③喷施AMEP蛋白且正常供水处理（ACK）：待大豆生长至苗期V1开始，将经过喷施AMEP蛋白的大豆整个苗期维持土壤含水量始为田间持水量80%，在喷施后第1、3、5天进行取样，干旱胁迫处理复水后第1、3、5天再次取样。

④喷施AMEP蛋白+干旱胁迫处理（ADS）：待大豆生长至苗期V1开始，通过称重法控制土壤含水量；在喷施AMEP蛋白后第1、3、5天进行取样，取样后恢复土壤含水量至田间持水量的 80%后的第1、3、5天再次取样，维持正常供水。每个时期每个处理30盆，共计120盆。为达到干旱胁迫目标含水量保持一致，对于蒸发过快的轻微补水，使其目标蒸发量达到一致。具体见表4.1。

表4.1　大豆干旱处理表

时期	处理	天数					
		干旱1 d	干旱3 d	干旱5 d	复水1 d	复水3 d	复水5 d
		田间持水量					
幼苗期（V1）	CK	80%					
	DS	80%	45%	35%	复水至田间持水量80%		
	ACK	80%					
	ADS	80%	45%	35%	复水至田间持水量80%		

3.取样方法

取样时间：选于晴天8:30—9:30取样，所取植株：将大豆地上部分从子叶痕处剪断，根部用蒸馏水洗净，并迅速将测定酶活性所需的根系用锡纸包好放入液氮中冷冻，再转入–80 ℃冰箱中保存待用，测定有关生理代谢生理生化指标。

用于干物质测定的大豆材料，按照叶包括叶片、根进行分解称量鲜重，再放入烘箱中105 ℃下杀青1 h，后用80 ℃恒温烘干，粉碎后待分析用。

4.测定方法

叶面积测量采用Yanyu–1241叶面积仪测量完全生长的倒2叶，统计地上部和地下部鲜干重、株高、根长，每个处理测量选取3盆。

采用氮蓝四唑（NBT）法[1]测定SOD：准确称取0.2 g大豆叶片，低温研磨成匀浆，转入离心管后4 ℃下，10 000 r/min离心15 min，取0.1 mL上清液进行显色反应，最后测定560 nm下的吸光度值，3次重复，计算SOD活性。

采用愈创木酚法[2]测定POD：POD酶液的提取方法与SOD方法一致，提取完毕后，吸取40 μL酶液加入3 mL POD反应液后测定470 nm下每隔30 s吸光度值的变化数，记4次数，3次重复，计算POD活性。

采用比色法[3]测定CAT：CAT酶液的提取方法与SOD方法一致，吸取上清液0.1 mL加入2.9 mL CAT反应液中，测定240 nm下每隔30 s吸光度值的变化数，记4次数，3次重复，计算CAT活性。

大豆主要渗透调节物质测定：可溶性糖、蔗糖、果糖和淀粉含量测定参照张志良[62]，可溶性蛋白含量采用考马斯亮蓝 G–250 染色法测定[63]。

膜脂过氧化物质测定：丙二醛采用硫代巴比妥酸法（TBA）测定[64]；用电导率仪（DDS-307）测量相对电导率；游离脯氨酸含量采用酸性茚三酮比色法测定[65]。

光合指标的测定：于取样当天11:00选取完全生长的倒2叶片采用（Li-6400；LiCor，Huntington Beach，CA，USA）光合仪测定净光合速率（P_n）、叶片气孔导度（G_s）、蒸腾速率（T_r）、胞间CO_2浓度（C_i），WUE=P_n/T_r。测定光强为1 200 μ mol·m^{-2}·s^{-1}，CO_2供应浓度为400（CO_2）·mol^{-1}，叶片温度25 ℃，相对湿度约为25%，每个处理测量5次重复。

叶绿素含量用SPAD 502叶绿素含量测定仪测定。叶绿素含量指标测定均选择各植株倒2功能叶片。用测量头每次夹取叶片叶脉两侧的尖部、中部、基部3个点，取一次平均值，作为每处理的一个重复值。

叶绿素荧光参数采用便携式叶绿素荧光仪（FMS-2，Hansatech，England）在设定光强下测定大豆叶片的测定植株顶部向下第2片完全展开功能叶片的叶绿素荧光参数，每次处理包括3次重复。

（四）试验结果

1. AMEP蛋白对干旱胁迫下大豆幼苗表型的影响表型确定

图4.1为干旱第5天大豆幼苗表型图。在干旱第5天时，ACK较CK生长更旺盛，植株更高；ADS较DS萎蔫程度更小，受干旱胁迫影响更小。这说明喷施AMEP蛋白后可促进植株生长，且可明显缓解干旱胁迫。

蒸馏水（CK）　　AMEP蛋白处理（ACK）　　蒸馏水+干旱处理（DS）　　AMEP蛋白+干旱处理（ADS）

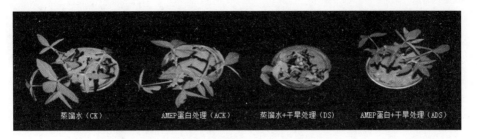

蒸馏水（CK）　　　AMEP蛋白处理（ACK）　　蒸馏水+干旱处理（DS）　　AMEP蛋白+干旱处理（ADS）

图4.1　干旱第5天大豆幼苗表型图

2. AMEP蛋白对干旱胁迫下大豆幼苗叶片形态特征的影响

如图4.2～图4.6结果显示，随着生长时间的延长，大豆幼苗的各项形态指标不断增加。在干旱胁迫条件下株高和叶面积呈显著降低趋势。与干旱胁迫处理相比，AMEP蛋白处理（ACK、ADS）株高和叶面积均略有增加，但差异不显著。与干旱处理相比，干旱胁迫条件下AMEP蛋白处理鲜重、干重和根长均有增加。其中，在干旱第5天ADS鲜重增加为13.04%、干重增加为10.53%、根长增加为3.82%；而未干旱胁迫处理下喷施AMEP蛋白鲜重干重也有所增加，在处理后第5天ACK较CK的鲜重、干重分别增加2.82%和5.01%。

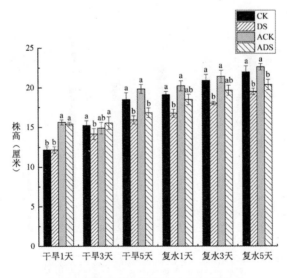

图4.2　干旱及复水处理下大豆V1期株高

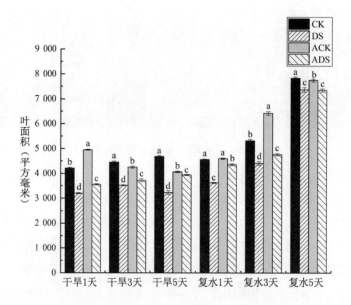

图4.3   干旱及复水处理下大豆V1期叶面积

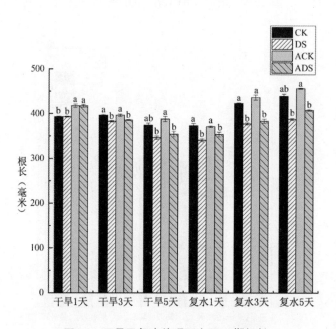

图4.4   干旱及复水处理下大豆V1期根长

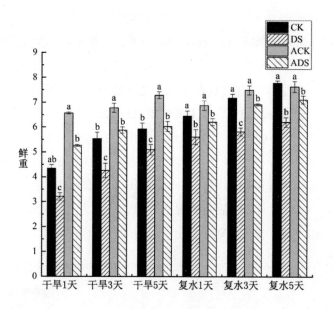

图4.5 干旱及复水处理下大豆V1期鲜重

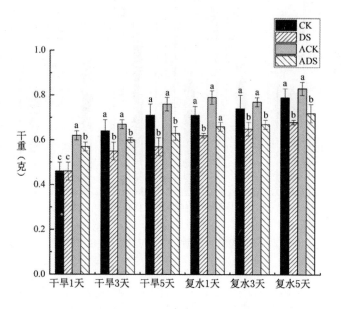

图4.6 干旱及复水处理下大豆V1期干重

3. AMEP蛋白对干旱胁迫下大豆幼苗叶片抗氧化防御机制的影响

如图4.7~图4.9结果显示，在干旱胁迫下，喷施AMEP蛋白后SOD值开始增加，在重度干旱时最大，大豆叶片较对照增加17.27%，大豆根系较对照增加35.81%。大豆叶片中POD活性均呈上升趋势，说明随着干旱胁迫对大豆植株的氧化损伤持续加重，POD活性增高以缓解毒害。AMEP蛋白处理的大豆叶片POD活性与CK相比均达到显著水平，在大豆叶片和根系中分别增加41.04%、11.11%。大豆在受到干旱胁迫后，H_2O_2在植物体内积累，CAT活性升高可充分发挥清除作用，从而降低H_2O_2对植物体的损失。随着干旱处理的增加，大豆叶片CAT活性呈现上升的趋势，大豆叶片CAT活性表现为ADS>CDS>ACK>CK，喷施AMEP蛋白可以有效提高CAT活性。

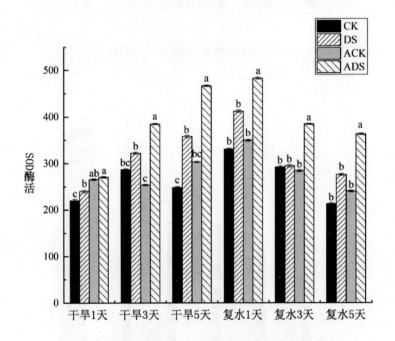

图4.7　干旱及复水处理下大豆V1期叶片SOD总活性

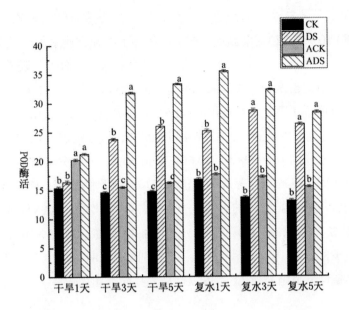

图4.8　干旱及复水处理下大豆V1期叶片POD总活性

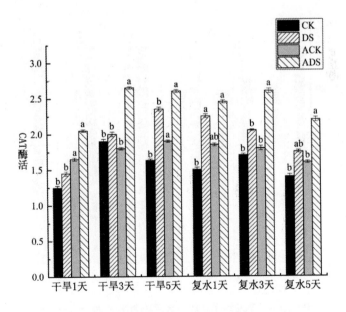

图4.9　干旱及复水处理下大豆V1期叶片CAT总活性

4. AMEP蛋白对干旱胁迫下大豆幼苗叶片光合特性的影响

如图4.10～图4.13结果显示，在干旱条件下净光合速率（P_n）、蒸腾速率（T_r）、气孔导度（G_s）、CO_2浓度（C_i）等光合参数显著降低。随着干旱时间的延长，大豆幼苗水分缺失不断加剧，AMEP蛋白处理后，在轻度干旱、中度干旱和重度干旱下，与ADS相比，DS处理的P_n分别减少6.12%、11.82%和38.97%，T_r分别减少46.08%、67.95%和78.57%，G_s分别增加57.14%、12.12%和61.90%，C_i分别减少0.98%、30.66%和30.70%。方差分析结果显示，ADS处理与对照间差异均达显著水平。正常环境或干旱胁迫下，施用AMEP蛋白可以不同程度地提高叶片的上述光合参数。与CK相比，ACK处理的P_n分别增加14.43%、6.74%和16.47%，T_r分别增加33.93%、30.73%和减少8.61%，G_s分别减少8.75%、9.58%和9.09%，C_i分别增加6.81%、29.24%和64.23%，说明干旱条件下喷施AMEP蛋白可以提高大豆光合作用效率。

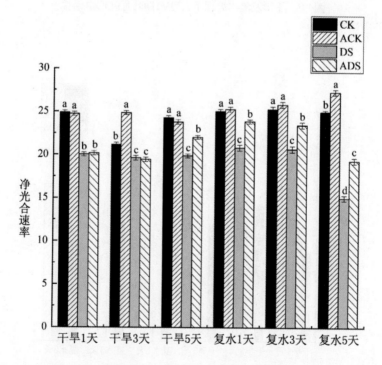

图4.10　干旱及复水处理下大豆V1期叶片净光合速率P_n

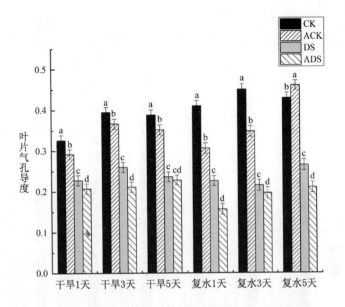

图4.11　干旱及复水处理下大豆V1期叶片气孔导度G_s

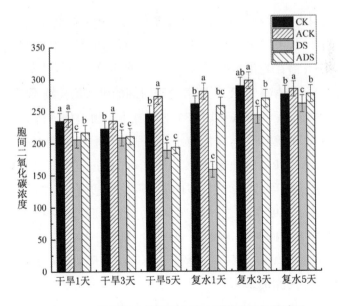

图4.12　干旱及复水处理下大豆V1期胞间CO_2浓度C_i

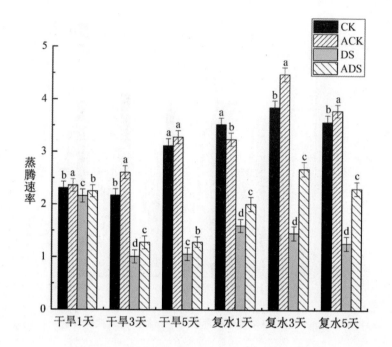

图4.13   干旱及复水处理下大豆V1期蒸腾速率T_r

5. AMEP蛋白对干旱胁迫下大豆幼苗叶片叶绿素荧光特性的影响

如图4.14～图4.17所示，与CK相比干旱胁迫降低了PSⅡ光能转换效率（Fv/Fm）、PSⅡ潜在光化学效率（Fv/Fo）、PSⅡ实际光化学效率（ΦPSⅡ）和表观电子传递速率（ETR），随着处理时间的延长均持续下降，分别降低了44.32%、5.62%、13.35%和10.38%。单独干旱胁迫处理初期ΦPSⅡ、Fv/Fo、Fv/Fm和ETR较对照无显著差异，说明干旱胁迫初期对叶绿素荧光参数影响较小。AMEP蛋白处理可显著提高干旱胁迫下大豆叶片Fv/Fm、Fv/Fo、ΦPSⅡ和ETR等荧光参数，在中度干旱和重度干旱分别提高了2.87%、5.33%、2.68%、22.91%、15.25%、6.02%、8.27%和27.45%。与正常供水相比，AMEP蛋白处理Fv/Fm、Fv/Fo、ΦPSⅡ、ETR分别提高了14.39%、7.59%、5.93%和16.64%。AMEP蛋白一定程度上可缓解干旱胁迫对大豆植株Fv/Fm、Fv/Fo、ΦPSⅡ、ETR的影响。

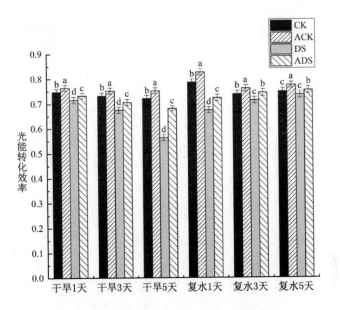

图4.14　干旱及复水处理下大豆V1期Fv/Fm

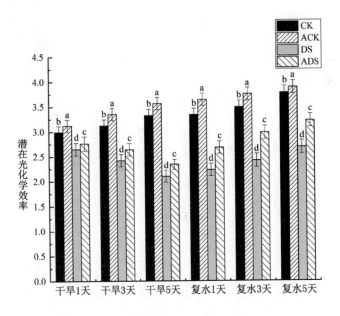

图4.15　干旱及复水处理下大豆V1期Fv/F0

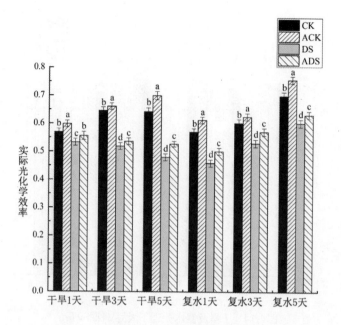

图4.16　干旱及复水处理下大豆V1期ΦPSⅡ

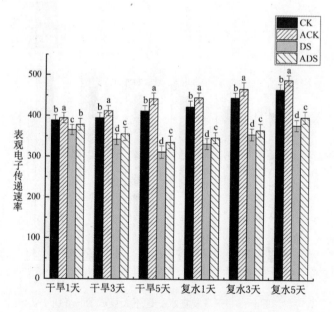

图4.17　干旱及复水处理下大豆V1期ERT

6. AMEP蛋白对干旱胁迫下大豆幼苗膜脂过氧化及渗透调节物质的影响

（1）电解质渗透率。从图4.18中可以看出，随着干旱天数的增加，叶片电解质渗透率明显增加，DS叶片电解质渗透率上浮60%，膜透性遭到严重破坏，而ADS叶片电解质渗透率变化幅度相对较小为40%。未胁迫处理的叶片电解质渗透率变化不明显。相对电导率可以表示细胞膜和结构的受伤害情况，通过分析可以看出AMEP蛋白在干旱情况下可以减轻细胞膜的受伤情况。

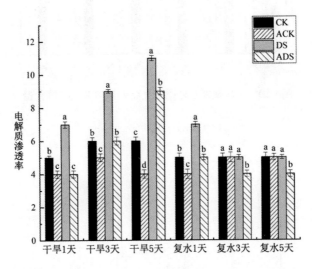

图4.18　干旱及复水处理下大豆V1期叶片电解质渗透率

（2）丙二醛。干旱胁迫产生过剩的ROS导致膜脂过氧化，其产物丙二醛（MDA）会严重损伤生物膜。从图4.19中可以看出，随着干旱处理浓度的增加，大豆叶片MDA的含量呈现上升，在重度干旱时达到最大。AMEP蛋白的施加减少了MDA的产生进而减轻了生物膜的损伤，与对照相比大豆叶片减少了33.33%。

（3）可溶性蛋白。随着胁迫时间增加，大豆叶片内可溶性蛋白含量不断升高，说明植株受伤程度不断增加。可溶性蛋白能提高大豆植株渗透调节能力和细胞保水能力。从图4.20中可以看出，蛋白处理的大豆叶片的可溶性蛋白含量随着干旱的增强明显增加，在重度干旱时达到最高，增加了11.32%。

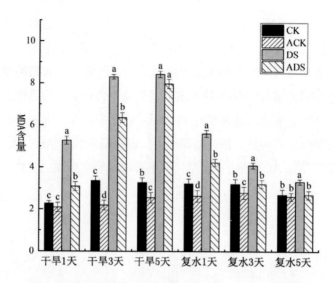

图4.19 干旱及复水处理下大豆V1期叶片丙二醛含量

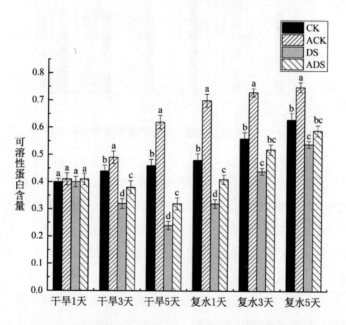

图4.20 干旱及复水处理下大豆V1期叶片可溶性蛋白含量

（4）可溶性糖。干旱胁迫下，可溶性总糖含量的增加有利于增强细胞渗透调节能力、维持细胞膨压、维持细胞膜的功能和完整、缓解干旱胁迫对植物的损伤。从图4.21中可以看出，在重度干旱时AMEP蛋白处理后的大豆叶片可溶性糖含量明显增加，较对照高27.26%，有效调节细胞膜内外的平衡，减少干旱对植物叶片的损伤。

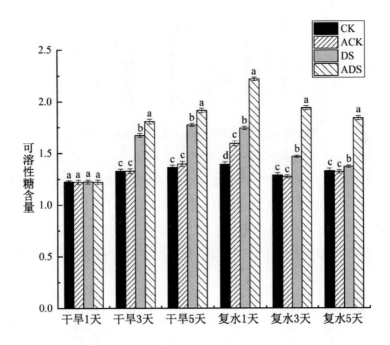

图4.21　干旱及复水处理下大豆V1期叶片可溶性糖含量

（5）淀粉。植物细胞内蔗糖含量的变化影响可溶性糖含量的水平，干旱胁迫诱导淀粉水解方向加强，蔗糖合成方向减弱，增加可溶性糖含量，提高了细胞渗透势。

从图4.22中可以看出，随着干旱的持续，叶中淀粉含量的峰值出现在第6天，对照干旱处理和喷施AMEP蛋白比减少了54.54%。干旱复水后淀粉含量迅速增加，较正常水平相差不大。

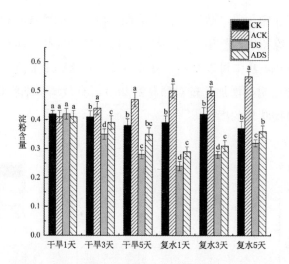

图4.22　干旱及复水处理下大豆V1期叶片淀粉含量

（6）蔗糖。正常条件下，蔗糖含量呈现降低的趋势。相较于对照处理，蛋白处理轻微促进了蔗糖含量的增加。从图4.23中可以看出，随着干旱时间的持续，大豆叶中蔗糖含量整体呈现下降的趋势，处理第6天含量最低，蛋白处理和对照比增加了51.11%。干旱复水后蔗糖含量迅速升高，恢复正常水平。

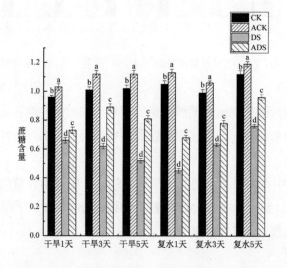

图4.23　干旱及复水处理下大豆V1期叶片蔗糖含量

四、讨论

1.AMEP蛋白对干旱胁迫下大豆幼苗形态建成的影响

干旱是影响植物生长的重要非生物因子。有研究称，干旱导致生长率、茎伸长、叶片膨胀和气孔运动减少[66, 67]。植物的叶片是蒸腾和光合作用的关键器官[68]。Dong[69]等人研究发现，经历干旱胁迫后复水，大豆株高和叶面积增长较快，表现出生长补偿效应，本试验研究结果与之较为相似。本试验研究发现，干旱胁迫导致苗期大豆生长缓慢，大豆株高、茎粗、地上部干鲜重和叶面积随干旱程度增加逐渐加重，重度干旱条件下的影响最大，复水后，各地上部形态指标均表现出不同程度的生长补偿效应。AMEP蛋白处理在不同时期下对大豆株高、茎粗、地上部干鲜重和叶面积有不同程度的提高，在复水后的恢复能力强于对照，说明AMEP蛋白处理有效减轻干旱胁迫对大豆幼苗地上部形态变化的抑制作用。

2.AMEP蛋白对干旱胁迫下大豆幼苗抗氧化系统的影响

持续的ROS产生诱导信号转导级联反应，如相容溶质的积累和抗氧化酶活性的增加[70, 71]。胁迫防御机制之一是抗氧化防御系统，包括几种抗氧化酶和低分子量非酶抗氧化化合物，如清除ROS的酶（SOD、POD、CAT、APX）和低分子抗氧化物质（GSH和ASA）[72, 73]。SOD是抵御ROS水平升高毒性效应的第一道防线[74, 75]，SOD催化自由基产生的H_2O_2的后续清除是由APX和CAT介导的[76]。POD、CAT和APX酶在清除H_2O_2中起着关键作用[77, 78]。非酶类抗氧化剂可以在氧化胁迫下共同维持光合膜的完整性[79, 80]。GSH在增强植物的氧化应激耐受性方面起着重要作用，主要功能是应激信号传递和应激适应[81]，是直接参与减少大多数活性氧的抗氧化物质。ASA是植物组织中一种重要的抗氧化物质，它与一系列活性氧反应[82]。本试验研究结果表明，AMEP蛋白处理和不同干旱程度及其之间的各二因素交互作用，叶片抗氧化酶活性及抗氧化物质含量存在显著或极显著调控作用。Kausar[83]等人认为，在干旱胁迫下抗氧化酶活性与质膜透性之间呈正相关。本试验中膜损伤程度的变化趋势与抗氧化酶活性变化一致。大豆幼苗抗氧化酶活性和抗氧化物质含量将呈先升后降的变化趋势，除CAT外的抗氧化酶和抗氧化物质均在重度干旱条件下达到最大，说明重度干旱条件下对大豆的损伤更为严重。Liu[84]等人提出，耐受品种具有更有效的抗氧化系统来抵消氧化应激的负面影响。植物保持较高水平的抗氧化能力与植物对非生物胁迫的耐受性有关[70]。拥有较高AsA水平的植物可能对干旱胁迫有更好的耐受性[85, 86]。Wang[87]等人认为，严重干旱条件下保持较高的AsA含量是维持抗旱性的原因之一。AMEP蛋白处理下的大豆叶片抗氧化酶活性和抗氧化物质含量均大于其干旱对照，在中度干旱或重度干旱时增幅较大。这说明AMEP蛋白通过提高抗氧化水平，进而缓解干旱胁迫对细胞的损伤。

3.AMEP蛋白对干旱胁迫下大豆幼苗光合特性的影响

光合作用是作物生长和产量形成的基础，也是所有绿色植物中最基本和最复杂的生理过程[88, 89]。干旱降低光合作用的速率[90]，导致气孔关闭，降低了CO_2的利用率[91]，使植物更容易受到光害的侵害[92]。干旱胁迫下叶绿素含量的损失被认为是光合作用失活的主要原因[93]。气孔和非气孔因素在光合速率的调节中起关键作用[94]。光合作用受到限制主要是因为大豆叶片通过气孔调节或气孔限制降低了光合效率，以减少或避免光能对光合系统造成的损害程度[95]。本试验研究表明，AMEP蛋白处理及不同干旱程度之间的互作效应对各光合参数存在显著或极显著影响。随着干旱程度的加重，大豆幼苗光合参数呈先降后升的变化趋势，重度干旱条件下的下降幅度最大，说明重度干旱时对光合系统伤害最大。Wang[95]等人研究发现，苗期大豆通过气孔限制适应干旱胁迫对光合作用的抑制作用。在轻度干旱下，光合作用受到气孔导度降低的限制[96]。根据Farquhar[97]等人提出的气孔限制或非气孔限制判断方法来看，本试验研究中净光合速率、胞间CO_2浓度在中度干旱和重度干旱时同步降低，说明此时气孔限制因素占主导因素。正常供水条件下，AMEP蛋白处理通过提高大豆光合气体交换参数，进而将大豆的光合电子传递速率保持在较高水平。AMEP蛋白处理下的大豆光合参数在不同水分条件下均高于其干旱对照。这说明AMEP蛋白有效缓解干旱对大豆光合系统的损伤，提高光合作用效率。

4.AMEP蛋白对干旱胁迫下大豆幼苗膜脂过氧化物质的影响

干旱导致细胞氧化还原稳态紊乱，进而导致应激反应和ROS的产生[98]，ROS浓度的增加导致氧化损伤加重[99, 100]，氧化损伤严重会破坏正常的新陈代谢，从而导致脂质过氧化。ROS不仅作为生长组织中细胞分裂和分化的调节剂[101]，还会在细胞信号传导中作为信号分子[102, 103]，以启动抗氧化酶的合成[104]。细胞膜稳定性被认为是耐旱性的最佳生理指标之一[105]。ROS对植物细胞的总体影响是降低膜流动性，增加膜的渗漏性，并破坏膜蛋白、酶和离子通道[105]。超氧阴离子的积累是细胞脂质过氧化的主要原因[87]。丙二醛含量表示细胞膜损伤的水平，反映了氧化应激的程度，常被用来估计植物对干旱的耐受性[72, 106]。渗透诱导应力下的电解质渗漏可用作评估膜稳定性差异的简单方法[107]。本试验研究结果表明，AMEP蛋白处理和不同干旱程度对膜脂过氧化程度均存在极显著调控作用，其各二因素之间的交互作用对膜脂过氧化程度存在显著或极显著调控作用，对叶片H_2O_2含量存在极显著调控作用。随干旱程度加重，大豆叶片细胞膜脂过氧化程度逐渐加重，重度干旱条件下的影响最大，说明干旱胁迫加剧了细胞膜脂过氧化作用，电解质外渗增多。AMEP蛋白处理过的大豆叶片膜脂过氧化程度在不同水分条件下均低于其干旱对照，复水后的恢复能力强于其干旱对照。这说明AMEP蛋白有效缓解干旱胁迫下大豆膜脂过氧化加重程度，提高大豆在干旱后的恢复能力，这有利于保持细胞膜的稳定性，增强其抗旱性。

5.AMEP蛋白对干旱胁迫下大豆幼苗渗透调节物质的影响

调节渗透压是植物应对干旱的一种方法[108]。渗透调节可增加干燥土壤中的根伸长，在重度干旱条件下维持细胞膜稳定性，并且与类似脯氨酸的相容溶质的浓度有关[107]。植物在细胞、分子水平上通过积累渗透物质和蛋白质来响应与适应水分亏缺，渗透物质和蛋白质与胁迫耐受性特别相关[109]。脯氨酸积累是植物对环境胁迫的独特反应。脯氨酸作为渗透保护剂和羟基自由基清除剂，参与缓解与多种胁迫相关的细胞溶质酸中毒，能够防止膜变形[70, 110]。植物对低水分利用率耐受性增强归因于水分胁迫时组织中可溶性糖的积累，起到渗透保护剂的作用[111]。研究表明，干旱胁迫下，植物脯氨酸含量的产生和积累增强了抗氧化防御系统[112]。本试验结果表明，AMEP蛋白处理和不同干旱程度对渗透调节物质含量存在极显著调控作用，其各二因素之间的交互作用对渗透调节物质含量存在显著或极显著调控作用。Silvente[111]等人认为，耐受型大豆品种的渗透调节物质含量高于敏感型。前人研究发现，在复水条件下，植物中脯氨酸和可溶性糖的含量都逐渐下降，表明这些代谢产物在胁迫消除后代谢迅速[109]。本试验结果表明，大豆叶片渗透调节物质含量随干旱程度加重呈上升趋势，重度干旱条件下达到最大，复水后有所下降。Nguyen[113]等人提出，干旱胁迫下大豆中的渗透调节物质含量提高有利于提高大豆的抗性。AMEP蛋白处理下的大豆渗透调节物质含量在正常供水条件、中度干旱和重度干旱时均显著高于其干旱对照。说明AMEP蛋白通过提高渗透调节物质含量来调节干旱胁迫下的渗透压，增强细胞保水能力，进而提高大豆耐旱性。Dong[73]和Mattioli[114]等人认为，经历干旱胁迫后复水的大豆渗透调节物质含量均有所下降，但复水后脯氨酸含量较高对植物细胞是有益的。复水后，AMEP蛋白处理下的大豆幼苗可溶性糖和脯氨酸含量较其干旱对照增幅略高。

五、结论

（1）干旱胁迫导致大豆地上部和根系干物质积累增加缓慢，但在复水后均有所恢复，AMEP蛋白处理有效缓解了干旱胁迫对大豆干物质积累的抑制作用。

（2）干旱胁迫显著降低大豆幼苗的光合作用，重度干旱条件下的影响最大，对光合器官的损伤最为严重。AMEP蛋白处理明显改善了干旱胁迫对光合作用的抑制作用，增强了大豆幼苗光合作用在复水后的恢复能力。

（3）大豆植株通过调节内部生理代谢来适应干旱。干旱胁迫导致细胞离子外渗增加、相对电导率增大、MDA和H_2O_2含量增加、超氧阴离子产生速率变大，从而导致膜脂过氧化程度加重，大豆叶片相应提高抗氧化酶活性、抗氧化物质和渗透调节物质含量来减轻膜脂过氧化造成的细胞损伤。AMEP蛋白通过进一步提高大豆氧化酶活性、抗氧化物质和渗透调节物质含量，显著降低膜脂过氧化程度，维持干旱胁迫下的生长发育，AMEP蛋白处理过的大豆在复水后维持较高的抗氧化水平有利于增强其耐旱性。

（4）AMEP蛋白处理和不同干旱程度之间的互作效应较其他二因素间的互作效应对各形态指标及生理指标的调控影响较大。

第二节　AMEP植物疫苗在九三大豆的应用示范

大豆在中国已有几千年的种植历史，它在中国食物消费中扮演重要的角色。大豆不仅是动物蛋白的重要来源，同时也为人们提供了优质的植物油，大豆油已经成为中国消费的第一大植物油品种。此外，大豆加工衍生出了大豆饲料业、畜牧水产养殖行业等。新兴大豆深加工与化工、环保、医药卫生保健、纺织服装等相衔接。大豆产业的发展不仅关系到大豆种植户的结业和收入，而且影响到整个产业链条上相关主体的利益。

黑龙江省是我国大豆主产区，年产量占全国总产量的40%左右，居全国之首。但是受到进口转基因大豆的冲击，我省大豆产业的发展受到很大影响，种植面积和销售价格都面临巨大压力。随着近年来中美贸易摩擦带来的不确定性，更加显露出了我国大豆产业安全风险问题，这对我省大豆产业的发展提出了更高的要求。目前，发展绿色有机大豆种植体系，实现与进口转基因大豆的错位竞争，切实增加经济效益，成为了目前我省大豆产业升级和结构调整的新方向。

本项目创新性地引进了一种从枯草芽孢杆菌中鉴定的多功能植物免疫类产品，根据其功能和作用机理将之命名为AMEP植物疫苗。AMEP植物疫苗是由黑龙江八一农垦大学植物免疫团队于2019年鉴定开发的全新具有自主知识产权的植物免疫类产品。该产品是一种新型蛋白制剂，具有激活植物免疫、拮抗病原菌和杀伤有害昆虫的综合生防效果，能够提高植物抗逆性，促进植物健康生长。此外，该蛋白制剂属于生物制剂，具有绿色无污染的优点，符合九三绿色有机大豆生产体系的需求。该产品在大豆种植过程中施用能够带来减药减损、提质增效的积极效果，具体包括：（1）提高大豆自身抗病性，减少病原菌滋生，减少病害类农药的施用;（2）激发大豆自身抗虫性，驱杀部分害虫，减少虫害类农药施用；（3）提高大豆抗旱性，保花保荚，降低自然灾害造成的减产。AMEP植物疫苗具有无污染残留的特点，是绿色环保的生防制剂，是大豆绿色有机种植体系中的关键技术环节。

通过使用AMEP植物疫苗，能够高效推进"九三大豆"的绿色有机种植体系的发展健全。坚持质量兴农、绿色兴农，使农产品的供给更加有利于资源优势的发挥，更加有利于生态环境的保护，真正形成更有效率、更有效益、更可持续的供给。作为"九三大豆"绿色种植技术规程中的关键一环，AMEP植物疫苗可以减少化肥、农药的使用量，增强大豆的抗性，提高最终产量和品质，全面提升农产品质量安全和市场竞争力。本项目的成功实施将助力"九三大豆"的绿色有机标识在国内外筑建良好的品牌形象，提高社会影响力，也为国家的粮食安全保驾护航。

一、北大荒集团九三分公司简介

"九三大豆"种植区位于黑龙江省西北部，北纬48°～50°，东经124°～126°，属寒温带湿润季风气候区，年平均气温0.4 ℃，日照时数2 500 h左右，平均降水量400 mm左右，无霜期110 d左右。处于黑龙江省第四、第五积温带，大于等于10 ℃，有效积温年平均值为2 200 ℃左右，属于典型的高纬度、低热量的旱作农业区，光、热、水同季，昼夜温差大，独特的气候条件和地理环境给大豆提供了良好的生长条件。

九三分公司地处"世界三大黑土地带"之一的松嫩平原，黑土占耕地面积的80%以上，黑土层土体深厚，厚度在40～80 cm，有机质含量丰富，含量为5%～7%，pH为6.0～6.5，土质疏松肥沃，有利于大豆蛋白质和脂肪的形成和积累。区域内特有的"黑土地"为大豆提供了得天独厚的自然优势，是高油、高蛋白大豆的生态适宜种植区，因而被称为大豆种植的"黄金地带"。九三分公司地处高寒地区，冬季寒冷漫长，白雪覆盖，年最低气温可达到-40 ℃，冷资源比较丰富，大豆病原菌及害虫种类少、越冬基数小，大豆病虫害发生量小，化肥农药使用量远远低于全国和全省的平均水平，区域内无废气、废水、废渣和重金属污染，空气、土壤、水全部达到国家环境质量一级标准，为国家优质、安全大豆食品专用原料生产创造了良好的农业生态环境。

"九三大豆"籽粒为圆形或椭圆形，色泽光滑、粒大、粒圆、饱满、皮薄，脐色为淡黄白色，完整率达95%以上。"九三大豆"品质优越，豆类营养指标参数高。蛋白质含量40%以上，蛋白质和脂肪总量大于60%，铁含量大于7 mg/100 g，锌含量大于28 mg/kg，维生素E含量大于2 mg/100 g。优质的"九三大豆"吸引了大量的消费需求，在消费需求和品牌影响的拉动下，大豆绿色产业发展迅速。在全国其他植物病害多发的种植区，生物农药很难完全取代化学农药，实现有机绿色种植的难度非常大。而"九三大豆"天然的环境优势导致绿色有机种植对化学农药的需求相对较低，使生物农药取代化学农药成为了可能。在九三分公司的部分有机大豆种植示范区内，已经可以实现全程不施用化学农药，只是产量偏低。而AMEP植物疫苗的施用则可以提高大豆对病害和逆境的抗性，提高结荚和产量，弥补之前绿色有机大豆种植的短板。

项目实施单位九三分公司在政策引导、种植规模和生产标准化等方面具有突出优势。

（1）政策引导优势。根据农业部下发绿色食品产地环境质量标准，绿色食品农药使用标准等，绿色食品生产基地应远离工业区，避开有污染源的水源，且生产基地内不允许建设有污染的企业。同时要搞好农田水利建设，发展生态农业，保持区域内生态环境的稳定和可持续发展，保证产品原料和生产线处于良好的环境。"九三大豆"产地环境质量符合绿色食品有关技术条件要求，按绿色食品技术标准、生产操作规程和全程质量控制体系实施生产和管理，农场绿色食品产品线均符合《绿色食品产地环境质量标准》NY/T391-2013、《绿色食品农药使用准则》NY/393-2013、《绿色食品添加剂使用准则》等标准的要求。

（2）种植规模化优势。"九三大豆"区域内耕地集中连片，农业"统"的功能较强，农业生产始终坚持统一种植结构调整、统一大机械作业、统一生产物资采购使用、统一农艺措施应用、统一粮食收储和销售，这种高度的组织化、规模化的农业生产经营方式，有利于农业新技术的推广应用，有利于农业生产要素的优化整合，代表了中国最先进的现代化大农业生产水平。

（3）生产标准化。一是机械化生产，全局农机总动力达到50万千瓦，拥有各类大型农机具9 900台套，农业机械化率达到99%以上，大豆种、管、收全程实现机械化。二是科技化支撑，在大豆生产上，应用了大垄垄上三行栽培技术、精量播种技术、测土配方施肥技术、立体施肥技术、飞机航化防病防虫技术、病虫草害及气象自动监测技术、增雨防雹技术、节水灌溉技术、保护性耕作及三秋整地措施等。三是社会化服务，全局农业服务体系健全，已应用有农业生产标准化管理体系等。全面积大豆生产实现了全程可控、质量可追溯，形成了种、管、收、储、加、销一条完整的追溯链条。

二、红五月农场简介

项目实施地点黑龙江省红五月农场，地处小兴安岭西南麓的南阳河畔，位于讷河市境内，西接嫩江县，东临五大连池市。地理坐标为北纬48° 39′～48° 50′，东经125° 25′～125° 43′。项目区属于大陆性季风性气候。年平均气温为−0.2～0.1 ℃，年最低气温为−43.7 ℃，最高气温为37.6 ℃；年平均降水量为478.4 mm，年内多集中在7、8、9月；年平均日照时数为2 417.1～2 820.4 h，蒸发量为1 029.2～1 223.8 mm；全年无霜期为110～125 d，土壤冻层深度一般在1.5～2.5 m。光、热、水等气候条件可满足一年一熟的农作物生长的需要，具备发展农业生产的条件。项目区内地势开阔，海拔高度一般在270～290 m，土壤类型为黑土，黑土层厚度在0.4～70 cm，保水供水能力强，抗旱、抗涝、土性温和，适宜种植大豆、小麦等各类经济作物。

红五月农场属于松嫩平原丘陵漫岗向平原区过渡地带，境内岗峦起伏，海拔高度一般在270～295 m。农场内土壤主要分为四类，即棕色森林土、黑土、草甸土及沼泽土。棕色森林土：主要分布在较高的丘陵漫岗上，占总面积的29.7%。草甸土：分布在河谷中地势较高的地方，占总面积的4.8%。沼泽土：分布在河谷比较低洼的地方，水线花园地中也有少量存在，占总面积的17.9%。黑土：分布在第三和第二阶地的黏土母质上，占总面积的47.9%。土壤大致分为暗棕壤土、黑土、草甸土、沼泽土等类型。通过对土壤取样化验表明：土壤水解氮含量为每百克土6.12 mg，有效磷含量为9.6 mg，有效钾含量48 mg，有机质含量7.58 mg。

红五月农场水资源总量为2 685.7万立方米，其中：地表水资源量为

1 968万立方米，地表水当地产水量1 669万立方米，过境水量299万立方米，过境水为南阳河。地表水可利用水量为1 384万立方米，过境水可利用量2.1万立方米。地下水总补给量717.7万立方米，地下水可开采量445万立方米。农场境内有南阳河与火烧沟两条河流。南阳河发源于农场十一队，场内段长度26.25 km。在河两岸有较开阔的河泛地，平均宽度在1 250 m，在河上游修有南阳河水库1座，水库总库容1 614万立方米，兴利库容870万立方米。

红五月农场拥有耕地23.7万亩，年均种植大豆15万亩左右，具备完善的绿色标准化栽培技术体系，认证无公害农产品面积17.3万亩，绿色农产品面积16.7万亩，有机基地面积3万亩。机械化农机总动力2.7万千瓦，拥有大型农机具520台套，烘干塔10座，硬化晒场面积12万平方米，具有承担项目的能力。

三、AMEP植物疫苗的田间施用

为了保证AMEP植物疫苗在田间进行施用的作用效果，要充分考虑到以下几个方面的因素。这包括AMEP植物疫苗喷施的最佳周期和AMEP植物疫苗与叶面肥的组合喷施。

首先，在大豆的不同生育期，植株内部进行的生理代谢有所区别，与AMEP蛋白的互作效果也有很大差别，导致AMEP植物疫苗的喷施效果与喷施时机有很大关系。因此，本项目将选择AMEP植物疫苗的最佳喷施期在大豆上进行施用。由于大豆的营养生长期和生殖生长期交叉进行，2021年在初花期、盛花期、结荚期、鼓粒期这几个大豆生育期内进行组合优选，最终确定在初花期和盛花期进行AMEP植物疫苗的喷施（图4.24、图4.25）。

其次，在AMEP植物疫苗激发植物免疫后，大豆亟需吸收大量营养进行各种抗逆相关蛋白酶和代谢产物的合成，因此有必要在施用AMEP植物疫苗的同时适量补充大豆所需的营养，将叶面肥与AMEP植物疫苗混合施用，实现"药肥一体化"。这样，不仅大大提高AMEP植物疫苗的综合使用效果，也将大大降低作业成本。在实验室内，我们通过大量实验已经确定能够促进

AMEP蛋白活性发挥的叶面肥成分，包括尿素、pH、硼、铁、锌、锰、铜、钼等。在2021年的田间实验中，与叶面肥组配的AMEP植物疫苗取得了令人满意的效果。

项目依托垦区农技补贴项目，在红五月农场进行布点实施，总计面积近1万亩，具体明细见表4.2。其中核心区域1 200亩，期间进行田间调查（图4.26），收获期进行田间实收测产（图4.27）。

表4.2 红五月农场AMEP蛋白免疫激活剂大豆绿色增产项目实施地号明细

单位	地号	种植品种	面积（亩）	实施面积（亩）		
				常规对照	AMEP处理	无处理
第一管理区	10队5	黑河43	1 280.2	600	450	230.2
第一管理区	10队6-3	嫩源1号	777	300	300	177
第一管理区	10队2-2	龙垦310	690	390	300	
第一管理区	10队2-3	龙垦310	750	450	300	
第一管理区	2队3-1	嫩源1号	413	263	150	
第一管理区	2队3-2	黑河43	360	210	150	
小计			4 270.2	2 213	1 650	407.2
第五管理区	1队1-4	红垦1号	470	320	150	
第五管理区	1队2-3	龙垦310	600	300	150	150
第五管理区	1队2-4	龙垦310	510	300	150	60
第五管理区	1队3-4	蒙豆36	510	300	150	60
第五管理区	1队3-5	黑河43	475	325	150	
第五管理区	8队1-1	红垦1号	952	502	450	
第五管理区	8队2-1	黑河43	1595	845	750	
小计			5112	2 892	1 950	270
合计			9 382.2	5 105	3 600	677.2

图4.24　初花期喷施AMEP蛋白免疫激活剂

图4.25　盛花期喷施AMEP蛋白免疫激活剂

图4.26　结荚期进行田间调查

图4.27　收获期收割并实收测产

四、AMEP植物疫苗在九三大豆的应用效果

AMEP植物疫苗，是黑龙江八一农垦大学植物免疫团队的创新性成果，由黑龙江权晟生物科技有限公司生产出品，于2021年在农垦北大荒集团九三分公司进行了一万亩的大规模示范应用，经田间调查、实收测产和指标检测，其应用效果如下。

1.喷施情况

6月27日大豆分枝期、7月10日大豆初花期使用轮式机车进行两次AMEP植物疫苗喷施。处理和对照保持一致的田间管理。

2.田间调查

表4.3～表4.5分别记录了3次田间调查的实验数据。

表4.3　第一次田间调查（2021.7.15）（单位：厘米、片）

处理组	株高	节数	茎粗	开花数
对照	52.92 ± 2.63b	7.86 ± 1.03b	0.48 ± 0.12a	31 ± 1.12b
AMEP	58.29 ± 2.82a	9.43 ± 0.88a	0.65 ± 0.16a	37 ± 1.72a

表4.4　第二次田间调查（2021.7.30）（单位：个、克）

处理组	荚数	荚重
对照	65.67 ± 2.02b	34.86 ± 2.45b
AMEP	102.69 ± 4.82a	63.63 ± 3.27a

表4.5　第三次田间调查（2021.10.5）（单位：个、克）

处理组	单株粒数	单株粒重	百粒重
CK	91.26 ± 1.14b	17.06 ± 0.79b	18.25 ± 0.75b
处理	103.58 ± 3.72a	21.82 ± 1.52a	21.73 ± 1.96a

使用AMEP喷施的大豆根系更加发达，根瘤增多；植株形态建成更加完善，茎秆粗壮，分枝增多，叶片繁茂；花芽发育完全，开花增多，尤其在干

旱条件下成功结荚率提高，见图4.28；AMEP植物疫苗起到了激发大豆植株抗性、降低农药施用、减少灾害损失的积极效果。

图4.28   AMEP蛋白制剂处理大豆的各时期表型

3.实收测产

经过田间实收测产，对照组每亩大豆实收产量172公斤，AMEP处理组每亩大豆实收产量189公斤，产量提升9.88%。

4.品质检测

将大豆样品送第三方检测机构进行品质检测，结果如下：经AMEP蛋白处理，大豆蛋白含量提高了1%，农药残留降低了11%。

5.总结

（1）AMEP可促进大豆的发育进程，体现在植株高度和粗壮度，开花和结荚提前（第二次田间调查最为明显），成熟期有效粒数提升13%，单株粒重20%，实收测产产量提升9.88%。

（2）经过品质检测，AMEP蛋白处理提高了大豆蛋白含量1%，减少了农药残留11%。

（3）AMEP植物疫苗能够促进植株发育、促早熟和增产的作用。此外，AMEP植物疫苗在提高大豆品质和减少农残方面也有明显效果，是绿色有机大豆生产的理想制剂。

（4）AMEP植物疫苗的应用减少了农药和叶面肥的使用量，扣除自身成本后每亩节约5元；每亩大豆减少损失12公斤，按普通食用豆价格计算增加效益约36元。若达到有机绿色食品标准，效益还会有大幅提升。

（5）长期应用AMEP植物疫苗可连年减少农药化肥的用量，给土壤环境自我修复创造条件，恢复土壤理化性质和微生物菌群，保护黑土地资源可持续利用。基于AMEP植物疫苗的大豆绿色有机种植体系成熟后，将为我国民众提供安全可靠的大豆农产品，保障人民生活健康；也将为我国大豆在与转基因大豆竞争中提供错位竞争的优势，开辟我国大豆产业新的突破方向。

6.项目存在问题

在田间施用AMEP制剂的过程中，出现了一些问题。经过反复研究总结经验，为了保证制剂的活性，使用过程中需注意以下事项：

（1）AMEP植物疫苗制剂要存放在阴凉处，防止暴晒。

（2）即开即用，配置好的药液不过夜存放。

（3）选择无风的傍晚进行叶面喷施，湿度大或有露水的晚上更佳。

（4）注意雨后大豆田内的排水，避免出现涝害。

此外，AMEP制剂的效果还需要多年田间应用，测试其在不同年份的气候条件下的稳定性；还需要和其他绿色有机耕作措施搭配组合，以形成完善的大豆有机绿色生产体系。

7.未来工作展望

AMEP植物免疫激活剂在九三大豆的实验效果令人满意，但仍存在改进的地方，在未来的工作中，将注重以下几方面的问题，着重展开公关。

（1）进一步完善生产工艺，稳定AMEP制剂的活性；

（2）降低生产成本和作业成本；

（3）细化田间调查指标，以过程解释结果；

（4）连年监测应用效果；

（5）与他种防控措施共同构建绿色有机大豆生产体系。

8.效益分析

（1）经济效益。与同期当地用户常规技术比较，喷施AMEP植物疫苗的大豆可省去农药施用和作业成本，并提高产量和品质，达到有机绿色认证农产品标准，提高大豆终端售价。按照本项目的10万亩面积推广计算，节约农药施用和作业成本：节约成本50元/亩~75元/亩，总节约成本达500万~750万元；提高产量：大豆平均单产170 kg/亩，产量提高5%～10%，单产增加8.5 kg/亩~17 kg/亩，绿色有机大豆每公斤单价6元，增加收益约50元/亩~100元/亩，产量收益增加500万元~1 000万元。合计总效益为1 000万~1 750万元。

（2）社会效益。AMEP植物疫苗的成功推广施用将为"九三大豆"的有机绿色标识增加助力。这将大大改善我国国产大豆与进口转基因大豆之间竞争的不利地位，大打绿色有机牌，实现错位竞争，提高"九三大豆"在国内外的知名度和信誉度，造成积极有利的社会影响。同时，本项目技术为完全自主知识产权，不依赖进口技术，不会遇到卡脖子的尴尬局面，在目前日益严峻的国际竞争压力下，可正常顺利运营，实现经济效益提升的同时，还能大大增加民族自信和国家荣誉。

（3）环境效益。AMEP植物疫苗的成功推广施用将带动周边地区的大豆种植向绿色有机种植转化，减少化学农药施用量，逐步恢复土壤的微生物种群多样性，减少病害发生，进而形成良性循环，使我国大豆种植走向绿色有机种植的环境友好农业。

9.项目风险与应对

（1）项目存在的风险。

①AMEP蛋白的高密度发酵过程中存在杂菌污染的问题，会导致发酵过程中杂菌滋生，有效菌株占比下降，使AMEP蛋白活性成分表达量不足，最终导致发酵失败。

②AMEP蛋白的喷雾干燥过程中存在蛋白活性成分得率不足的风险。喷雾干燥过程中的高温会导致蛋白质变性失活，此外蛋白由粉剂复溶为液剂的过程中也有一定的损失，会降低成品的功效。

③在田间试验和示范环节，会受到自然环境的影响，导致大豆种植中的不确定性风险。比如干旱、台风、涝害、病虫害爆发等，会增加项目风险。

（2）防范风险措施。

①严把技术关、从源头上控制风险。项目技术团队将严格把控试验环节的各项参数指标，从源头上控制风险。在发酵环节，菌株的接种将采用专人专责，严格进行无菌操作，保证无杂菌污染。在喷雾干燥环节，将辅加喷雾干燥助剂，保护蛋白活性，增加复溶性，再加上AMEP蛋白自身良好的耐热性和的水溶性，保证蛋白回收得率。在自然逆境影响方面，AMEP蛋白制剂的天然优势就是提高大豆抗逆性，对干旱、台风、涝害、病虫害爆发等有一定的防御能力。如果逆境胁迫超出了大豆承受范围，则采用人工干预的方式解决逆境胁迫带来的不利影响，保证田间大豆种植的顺利进行。

②完善市场调节机制、推动生产经营方式转变。按照规模化、专业化、标准化发展要求，引导种植区采用先进适用的绿色有机大豆生产要素，加快转变大豆种植模式。同时，管理部门要加强组织协调和规范管理，大力培育绿色有机大豆产业化体系，推进绿色有机大豆产业化发展，提高产品竞争力。

③激活创新机制、推进科技创新。一是要以农业产业化基地为依托，积极开展农业产业化与本项目配套工作，积极实施项目带动战略，围绕农业生产中亟需解决的一些技术瓶颈，开展关键技术的研制，为本项目提供技术支持。集中力量攻克困扰产业发展的工艺、部件、装置等技术瓶颈，形成一批具有自主知识产权的核心技术成果，通过推广应用绿色有机大豆种植新技

术，努力提高农机化在新农村建设中的贡献率。

④完善人员培训机制，使培训工作系统化、规范化、制度化。要加大宣传和培训力度。一项好的技术需要不断宣传和讲解，在做好示范同时，要加大培训力度，提高人员综合素质。通过技术集成，加大实用人才的培养培训力度，积极开展针对AMEP植物疫苗的生产和施用的技能培训，利用分公司、农场、管理区三级管理制度，可采取集中培训和分散培训相结合、阶段培训和岗前培训相结合。要创新工作方式和工作思路，切实把熟悉党的"三农"政策和国情农情作为必修课，把善于做好新时期"三农"工作当作基本功，切实转变工作作风，深入基层调查研究，不断提高工作水平。

第三节 AMEP植物疫苗在其他地区的应用

一、AMEP植物疫苗在庆安水稻的应用

（一）试验示范目的

AMEP植物疫苗是黑龙江八一农垦大学刘权教授团队的创新性成果，由黑龙江权晟生物科技有限公司生产出品。AMEP植物疫苗是从枯草芽孢杆菌中分离的全新蛋白因子，能够诱导植物增强免疫力，具有直接对病原菌的拮抗作用和对有害昆虫的杀伤活性，保障植物健康生长，且能提高农产品产量与品质。该制剂能够减少化学农药施用，对农作物具有无污染、无残留，改善环境等特点，适用于绿色有机种植产业。为了验证该产品在水稻上的应用效果，特做了此试验。

（二）试验设计

（1）试验地点、面积。

地点：落实在黑龙江省庆安县久胜镇久宏村东禾水稻科技园区内。

试验面积：处理，本田2.5亩（其他田间管理同对照）；对照，同品种邻近地；管理同常规。

（2）供试材料。供试材料AMEP植物疫苗由黑龙江权晟生物科技有限公司提供。

（3）主体技术。采用大棚毯式旱育苗机插技术，品种：松粳22。

（4）试验方法。试验采用大区对比法，设1个处理区，1个对照区。

处理：第一次在水稻拔节后孕穗期，每亩250 mL蛋白制剂，兑水15 L，叶面喷施；第二次在水稻齐穗期，每亩250 mL蛋白制剂，兑水15 L，叶面喷施。

对照：在常规水稻生产管理基础上，在本田相应时期喷施等量清水。

（三）试验调查记录与分析

（1）水稻生育进程调查，详见表4.6。

表4.6　生育进程调查表

调查人：　　　庆安水稻站

生育期 处理	播种期 月、日	齐苗期 月、日	插秧期 月、日	返青期 月、日	分蘖期 月、日	拔节期 月、日	抽穗期 月、日	成熟期 月、日
AMEP 处理	4、3	4、8	5、10	5、13	5、19	7、12	7、30	9、22
对照 （CK）	4、3	4、8	5、10	5、13	5、22	7、16	8、05	9、27

（2）病虫害发生调查表，详见表4.7。

表4.7　病虫害发生调查表

调查人：　　　　庆安水稻站 单位：　　　　个/百株

项目 处理	纹枯病	稻瘟病	稻螟蛉	二化螟
AMEP处理	4	无	无	1
对照（CK）	10	3	无	6

（3）水稻室内考种调查，详见表4.8。

表4.8　水稻室内考种表

调查人：　　　　庆安县水稻站

项目 处理	株高 (cm)	穗长 (cm)	穴数 （穴/m²）	穗数 （个/穴）	实粒数 （粒/穗）	瘪粒 （个/穗）	结实率 （%）	千粒重 （g）	亩产量 （kg）	增减产 （%）
处理	105	18.0	20	19.7	86.0	9.2	90.3	27.5	528.1	6.3
对照（ck）	107	19.5	20	17.6	93.6	12.4	88.3	26.6	496.6	

（四）试验结果

从表4.6、表4.8调查结果看，水稻应用AMEP植物疫苗（处理）比对照，生育进程分蘖期早3 d、拔节期早4 d、抽穗期早5 d，成熟期早5 d；从室内考种结果看，处理比对照平方米穗数多了42穗，单穗总粒数少了10.8粒，实粒数少了7.6粒，结实率高了2.0%，千粒重高0.9 g，亩产量高31.5 kg，增产幅度达6.3%；病虫害发生情况，水稻应用AMEP植物疫苗（处理）比对照，纹枯病、稻瘟病、二化螟、稻螟蛉发生少（调查百株），具体看表4.7。

AMEP植物疫苗在庆安水稻的应用效果如图4.29所示。

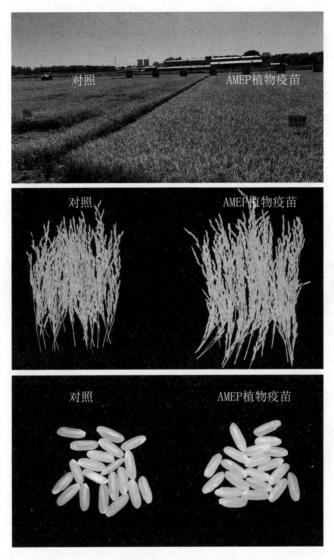

图4.29　AMEP植物疫苗在庆安水稻的应用效果

（五）结论

　　从庆安水稻试验示范结果看，AMEP植物疫苗在水稻生产上应用，不仅可以减少病虫害发生，增加抗倒伏能力等抗逆性，并具有促进分蘖、增加单位面积有效收获穗数、提高成熟度和千粒重、提高产量等作用。

该结果只是一年试验，建议来年继续做试验，以便为将来推广应用提供科学依据。

二、AMEP植物疫苗在庆安大豆的应用

AMEP植物疫苗是黑龙江八一农垦大学刘权教授团队的创新性成果，由黑龙江权晟生物科技有限公司生产出品，为了验证其功效和是否有增产能力，严格按照使用说明做此次试验，现总结如下。

（一）试验情况

（1）试验地点落实在庆安县柳河镇（原新民乡政府）新青村潘振海屯南农户于井春家，大豆品种绥农53，实验面积2亩。

（2）处理：7月7日大豆初花期使用无人机喷施AMEP植物疫苗（图4.30）。

（3）CK：7月7日大豆初花期使用无人机喷施常规叶面肥。

（4）处理和对照田间管理一致。

图4.30　AMEP植物疫苗在庆安大豆的应用

AMEP植物疫苗处理大豆在花荚期的表现，如图4.31所示。

对照　　　　　　　AMEP

图4.31　AMEP植物疫苗处理大豆在花荚期的表现

（二）田间调查

（1）大豆生育调查，详见表4.9。

表4.9　大豆生育调查表

（单位：厘米、片）

项目 处理	7月21日			8月8日		
	株高	茎粗	叶片	株高	茎粗	叶片
AMEP处理	105	0.9	13	112	1	15
C K	100	0.9	12.5	105	1	14

（2）物候期调查，详见表4.10。

表4.10　物候期调查表

（单位：月、日）

项目 处理	初花期	盛花期	结荚期	鼓粒期	成熟期
处理	7.7	7.21	8.8	8.15	10.7
C K	7.7	7.23	8.15	8.22	10.15

（3）室内考种调查，详见表4.11。

表4.11　室内考种表

（单位：个、克、公斤）

项目 处理	单株荚数	单株瘪荚	单株粒数	亩株数	百粒重	亩产量
处理	98.93	5	65.95	17 342	26.65	259.07
C K	90.86	7	59.2	17 342	25.01	218.24

注：亩产量（kg/亩）={[亩株数×株粒数×百粒重（g）]/ 105}×0.85

（三）小结

（1）从大豆生育情况调查表中可以看出两个日期的株高、茎粗、叶片数处理均比CK数值高。

（2）从物候期调查表可以看出，处理比CK盛花期、结荚期、鼓粒期和成熟期均有所提前。

（3）从室内考种表可以看出，处理比对照株高、单株荚数、单株粒数、百粒重都高，处理比CK亩增产40.83 kg，增幅18.7%。

（4）以上结果说明AMEP植物疫苗能够促进植株发育、促早熟和增产的作用。

参考文献

[1] 邹琦.植物生理学实验指导[M].北京:中国农业出版社，2000: 167–172.

[2] 李合生.植物生理生化实验原理和技术[M].北京:高等教育出版社，2000: 267–268.

[3] 高俊凤.生理学实验指导[M].北京:高等教育出版社，2006: 208–211.

[4] 王晨阳.土壤水分胁迫对小麦形态及生理影响的研究[J].河南农业大学学报，1992(1): 89–98.

[5] 孙梅霞，祖朝龙，徐经年.干旱对植物影响的研究进展[J]. 2004，32(2): 365–367，384.

[6] 李松伟.尖孢镰刀菌蛋白激发子PeFOCl分离纯化及其诱导植物免疫抗性机理研究[D].海南大学，2019.

[7] 徐飞，郭卫华，徐伟红，等.刺槐幼苗形态、生物量分配和光合特性对水分胁迫的响应[J].北京林业大学学报，2010，32(01): 24–30.

[8] Sponchiado B N，White J W，Castillo J A，et al. Root Growth of Four

Common Bean Cultivars in Relation to Drought Tolerance in Environments with Contrasting Soil Types[J]. Experimental Agriculture，1989，25(2): 249–257.

[9] SMUCKER A J M，AIKEN R M. Dynamic Root Responses to Water Deficits[J]. Soil Science，1992，154(4): 281–289.

[10] Carol A. Peterson，Daryl E. Enstone，Jeff H. Taylor. Pine root structure and its potential significance for root function[J]. Plant and Soil，1999，217(1/2): 205–213.

[11] 谢甫绨，郭小红，包雪艳，等. 多效唑对大豆不同叶型近等位基因系产量和品质的影响[J].大豆科学，2010，29(06): 948–952.

[12] Hong–bo Shao，Li–ye Chu，Ming–an Shao，et al. Higher plant antioxidants and redox signaling under environmental stresses[J]. Comptes rendus– Biologies，2008，331(6): 433–441.

[13] Gill S S, Tuteja N.Reactive oxygen species and antioxidant machinery in abiotic stress tolerance in crop plants.[J]. Plant Physiol Biochem，2010，48(12):909–930.

[14] Foyer C H，Halliwell B. The presence of glutathione and glutathione reductase in chloroplasts: A proposed role in ascorbic acid metabolism[J]. Planta，1976，133(1): 21–5.

[15] 张春兰，曹帅，满丽莉，等. PEG胁迫下两个大豆品种苗期的耐旱性与相关响应基因表达分析[J].分子植物育种，2019，17(18): 5891–5898.

[16] Wang Y W，Deng C，Ai P D，et al. ALM1，encoding a Fe–superoxide dismutase is critical for rice chloroplast biogenesis and drought stress response[J]. The Crop Journal，2021，9(05):1018–1029.

[17] Liu H，Zhu Y F，Liu X，et al. Effect of artificially accelerated aging on the vigor of Metasequoia glyptostroboides seeds[J]. Journal of Forestry Research，2020，31(03): 769–779.

[18] 许艺馨，冯磊，苏永秀，等.基于环境因子的春玉米产量结构模型分析研究[J]. 中国农学通报，2021，37(02): 108–115.

[19] 李广浩，刘平平，赵斌，等.不同水分条件下控释尿素对夏玉米产量和叶片衰老特性的影响[J]. 应用生态学报，2017，28(02): 571–580.

[20] 刘凤刚. 三唑酮对花期干旱胁迫下大豆生长及根系生理特性的影响[D]. 南京农业大学，2019.

[21] Murad M A ，Khan A L ，Muneer S . Silicon in Horticultural Crops: Cross-talk，Signaling，and Tolerance Mechanism under Salinity Stress[J]. Plants，2020，9(4): 460-460.

[22] Liu J X，Feng K，Duan A Q，et al. Isolation，purification and characterization of an ascorbate peroxidase from celery and overexpression of the AgAPX1 gene enhanced ascorbate content and drought tolerance in Arabidopsis[J]. BMC plant biology，2019，19(1): 488.

[23] Yasmine，Chemam，Samir，et al. On-Line Screening，Isolation and Identification of Antioxidant Compounds of Helianthemum ruficomum[J]. Molecules，2017 22(2): 239-239.

[24] Chhabra R ，Nirmaljit K，Bala A.Physiological and biochemical alterations imposed by Fusarium fujikuroi infection in aromatic and non-aromatic rice cultivars[J]. Plant Physiology Reports: Formerly known as 'Indian Journal of Plant Physiology'，2019，24(74): 563-575.

[25] 马玉玲. 干旱胁迫及复水对大豆活性氧清除系统的影响[D].东北农业大学，2018.

[26] Noctor G，Gomez L，Vanacker H，et a1. Interactions between biosynthesis，compartmentation and transport in the control of glutathione homeostasis and signalling[J]. Journal of Experimental Botany，2002，53(372): 1283-1304.

[27] Aravind P，Prasad M N. Modulation of cadmium-induced oxidative stress in Ceratophyllum demersum by zinc involves ascorbate-glutathione cycle and glutathione metabolism[J]. Plant Physiology&Biochemistry，2005，3(2): 107-116.

[28] 王利界，周智彬，常青，等.盐旱交叉胁迫对灰胡杨(Populus pruinosa ）幼苗生长和生理生化特性的影响[J]. 生态学报，2018，38(19): 243-250.

[29] 王启明，徐心诚，吴诗光，等.干旱胁迫对不同大豆品种苗期叶片渗透调节物质含量和细胞膜透性的影响[J].种子，2005(08): 12-15.

[30] 张美云，钱吉，郑师章.渗透胁迫下野生大豆游离脯氨酸和可溶性糖的

变化[J]. 复旦学报(自然科学版)，2001，40(5): 558–561.

[31] 王敏，张从宇，马同富.大豆品种苗期抗旱性研究[J].中国油料作物学报，2004，26(3): 29–32.

[32] 韩永华. 水分胁迫对大豆幼苗叶片细胞质膜的影响[J].广西师范大学学报，1999，17(4): 85–87.

[33] 江行玉，窦君霞，王正秋. NaCl对玉米和棉花光合作用与渗透调节能力影响的比较(简报)[J].植物生理学通讯，2001，37(4): 303–305.

[34] 卜令铎，张仁和，韩苗苗，等.干旱复水激发玉米叶片补偿效应的生理机制[J]. 西北农业学报，2009，18(2): 88–92.

[35] 尹航，王欣亚，金大翔，等.低温诱导胁迫下不同烟草品种电导率及抗氧化酶活性的变化[J].延边大学农学学报，2018，40(1): 46–52.

[36] 朱鹏锦，庞新华，梁春，等.低温胁迫对甘蔗幼苗活性氧代谢和抗氧化酶的影响[J]. 作物杂志，2018，185(04): 137–143.

[37] 靳路真，王洋，张伟，等.高温胁迫对不同耐性大豆品种生理生化的影响[J].大豆科学，2019，38(11): 71–79.

[38] 芮鹏环，韩坤龙，王长进，等. 灌浆期高温对玉米叶片抗氧化酶活性及渗透调节物质的影响[J].江苏农业科学，2018，46(24): 82–84.

[39] 郭艳阳，刘佳，朱亚利，等.玉米叶片光合和抗氧化酶活性对干旱胁迫的响应[J]. 植物生理学报，2018，54(12): 98–105.

[40] 刘承，李佐同，杨克军，等.水分胁迫及复水对不同耐旱性玉米生理特性的影响[J]. 植物生理学报，2015(5): 702–708.

[41] 宋玉伟，赵丽英，杨建伟.水分胁迫下玉米幼苗光合变化和生理特性分析[J].河南大学学报(自然科学版)，2009，39(4): 387–391.

[42] 马玉玲，李爽，王文佳，等.不同干旱胁迫程度对大豆叶片抗氧化特性的影响[J].沈阳农业大学学报，2018，195(04): 69–74.

[43] 庞艳梅.水分胁迫对大豆生长发育、生理生态特征及养分运移的影响[D]. 中国农业科学院，2008.

[44] Ohashi Y, Nakayama N, Saneoka H, et al. Effects of drought stress on photosynthetic gas exchange, chlorophyll fluorescence and stem diameter of soybean plants[J]. Biologia Plantarum，2006，50(1): 138–141.

[45] 赵宏伟，李秋祝，魏永霞.不同生育时期干旱对大豆主要生理参数及产量的影响[J].大豆科学，2006(03): 329-332.

[46] 刘丽君，林浩，唐晓飞，等.干旱胁迫对不同生育阶段大豆产量形态建成的影响[J].大豆科学，2011，30(03): 405-412.

[47] Chen X，Aoki M，Takami A，et al. Effect of ambient-level gasphase peroxides on foliar injury，growth，and net photosynthesis in Japanese radish(Raphanus sativus）[J]. Environmental pollution，2010，158(5): 1675-1679.

[48] Wang L，Zhang T，Ding S Y. Effect of drought and rewatering on photosynthetic physioecological characteristics of soybean[J]. Acta Ecologica Sinica，2006，26(7): 2073-2078.

[49] 张晓芳，贾志宽，朱翠林，等.水分胁迫对大豆结荚期光合生理及生物量的影响[J].干旱地区农业研究，2012，30(04): 97-104.

[50] 王春艳，庞艳梅，李茂松，等.干旱胁迫对大豆苗期生长发育和生理生态特征的影响[J].生物技术进展，2011，1(04): 282-288.

[51] 李思忠，张立明，高卫时，等.滴灌模式下旱后复水对甜菜叶丛期光合光响应特性的影响[J].草业学报，2020，29(11): 198-204.

[52] 穆心愿，夏来坤，谷利敏，等.花期干旱胁迫对不同夏玉米品种花后干物质积累运转及产量的影响[J].南方农业学报，2021，52(04): 931-941.

[53] 赵龙，蔡焕杰，曹玉鑫.生育期干旱-复水对夏玉米生化指标的影响[J].节水灌溉，2021(06): 9-16.

[54] 马绍英，李胜，马蕾，等.春小麦对生殖生长期阶段性干旱与复水的光合生理响应[J].甘肃农业大学学报，2018，53(04): 34-40+48.

[55] Nurul Azmina Abdul Malik，Ilakiya Sharanee Kumar，Kalaivani Nadarajah. Elicitor，et al. Orchestrators of Plant Defense and Immunity[J]. International Journal of Molecular Sciences，2020，21(3): 963.

[56] 彭学聪，杨秀芬，邱德文，等. 蛋白激发子hrip1基因在拟南芥中表达可提高植株的耐盐耐旱能力[J]. 作物学报，2013，39(08):1345-1351.

[57] Wyk S V，Wingfield B D，Vos L D，et al. Repeat-Induced Point Mutations Drive Divergence between Fusarium circinatum and Its Close Relatives[J].

Pathogens，2019，8(4): 298–298.

[58] Yang Y，Liu X B，Cai J M，et al. Genomic characteristics and comparative genomics analysis of the endophytic fungus Sarocladium brachiariae[J]. BMC genomics，2019，20(1): 782.

[59] Zhao T T，Liu W H，Zhao Z T，et al. Transcriptome profiling reveals the response process of tomato carrying Cf–19 and Cladosporium fulvum interaction[J].BMC plant biology，2019，19(1): 572

[60] Chopra J，Kaur N，Gupta A K，et al. Ontogenic changes in enzymes of carbon metabolism in relation to carbohydrate status in developing mungbean reproductive structures. Phytochemistry，2000，53: 539–548.

[61] 王运林，姚远，耿梦婷，等. 木薯碱性/中性转化酶MeNINV1基因启动子的克隆及激素应答表达分析[J]. 分子植物育种，2017，15(02): 411–417.

[62] Wyk S V，Brenda D，Vos L D，et al. Repeat–Induced Point Mutations Drive Divergence between Fusarium circinatum and Its Close Relatives[J]. Pathogens，2019，8(4): 298–298.

[63] Yang Y，Liu X B，Cai J M，et al. Genomic characteristics and comparative genomics analysis of the endophytic fungus Sarocladium brachiariae[J]. BMC genomics，2019，20(1): 782.

[64] Shan C，Liang Z. Jasmonic acid regulates ascorbate and glutathione metabolism in Agropyron cristatum leaves under water stress[J]. Plant Science，2010，178(2):130–139.

[65] 李婷，张威，吴明辉，等.荒漠土壤中两株抗氧化细菌的抗氧化生理生化特征[J]. 微生物学通报，2020，47(02): 379–389.

[66] Shen X，Dong Z，Chen Y. Drought and UV–B radiation effect on photosynthesis and antioxidant parameters in soybean and maize[J]. Acta Phjsiologiae Plantarum，2015，37(2): 25.

[67] Ma D，Sun D，Wang C，et al. Silicon application alleviates drought stress in wheat through transcriptional regulation of multiple antioxidant defense pathways[J]. Journal of Plant Growth Regulation，2016，35(1): 1–10.

[68] Chai Q，Gan Y，Zhao C，et al. Regulated deficit irrigation for crop

production under drought stress. A review[J]. Agronomy for sustainable development，2016，36(1): 3.

[69] Dong S，Jiang Y，Dong Y，et al. A study on soybean responses to drought stress and rehydration [J]. Saudi journal of biological sciences，2019，26(8): 2006-2017.

[70] Sharma P，Dubey R S. Drought induces oxidative stress and enhances the activities of antioxidant enzymes in growing rice seedlings[J]. Plant growth regulation，2005，46(3): 209-221.

[71] Pandey V，Ranjan S，Deeba F，et al. Desiccation-induced physiological and biochemical changes in resurrection plant，Selaginella bryopteris[J]. Journal of plant physiology，2010，167(16):1351-1359.

[72] Miao B H，Han X G，Zhang W H. The ameliorative effect of silicon on soybean seedlings grown in potassium-deficient medium[J]. Annals of Botany，2010，105(6): 967-973.

[73] Sandhya V，Ali S Z，Grower M，et al. Effect of plant growth promoting Pseudomonas spp. on compatible solutes，antioxidant status and plant growth of maize under drought stress[J]. Plant Growth Regulation，2010，62(1): 21-30.

[74] Gill S S，Tuteja N. Reactive oxygen species and antioxidant machinery in abiotic stress tolerance in crop plants[J]. Plant physiology and biochemistry，2010，48(12): 909-930.

[75] Sun W J，Nie Y X，Gao Y，et al. Exogenous cinnamic acid regulates antioxidant enzyme activity and reduces lipid peroxidation in drought-stressed cucumber leaves[J]. Acta Physiologiae Plantarum，2012，34(2):641-655.

[76] Lecube M L，Noriega G O，Santa Cruz D M，et al. Indole acetic acid is responsible for protection against oxidative stress caused by drought in soybean plants: The role of heme oxygenase induction[J]. Redox Report，2014，19(6): 242-250.

[77] Shigeoka S，Ishikawa T，Tamoi M，et al. Regulation and function of ascorbate peroxidase isoenzymes[J]. Journal of experimental botany，2002，

53(372): 1305-1319.

[78] Wu Z, Liu S, Zhao J, et al. Comparative responses to silicon and selenium in relation to antioxidant enzyme system and the glutathione-ascorbate cycle in flowering Chinese cabbage (Brassica campestris L. ssp chinensis var. utilis) under cadmium stress[J] .Environmental and Experimental Botany, 2017, 133: 1-11.

[79] Gupta N, Thind S. Improving photosynthetic performance of bread wheat under field drought stress by foliar applied glycine betaine[J]. Journal of Agricultural Science and Technology, 2015, 17(1): 75-86.

[80] Valero E, Macia H, Ildefonso M, et al. Modeling the ascorbate-glutathione cycle in chloroplasts under light/dark conditions[J].BMC systems biology, 2015, 10(1): 1-20.

[81] Hasanuzzaman M, Nahar K, Anee T I, et al. Glutathione in plants: biosynthesis and physiological role in environmental stress tolerance[J]. Physiology and Molecular Biology of Plants, 2017, 23(2): 249-268.

[82] Hasanuzzaman M, Hossain M A, Fujita M. Exogenous selenium pretreatment protects rapeseed seedlings from cadmium-induced oxidative stress by upregulating antioxidant defense and methylglyoxal detoxification systems[J]. Biological Trace Element Research, 2012, 149(2): 248-261.

[83] Kausar R, Hossain Z, Makino T, et al. Characterization of ascorbate peroxidase in soybean under flooding and drought stresses[J]. Molecular Biology Reports, 2012, 39(12): 10573-10579.

[84] Liu H R, Sun G W, Dong L J, et al. Physiological and molecular responses to drought and salinity in soybean[J]. Biologia Plantarum, 2017, 61(3): 557-564.

[85] Seminario A, Song L, Zulet A, et al. Drought stress causes a reduction in the biosynthesis of ascorbic acid in soybean plants[J]. Frontiers in plant science, 2017, 8: 1042.

[86] Hasanuzzaman M, Alam M M, Rahman A, et al. Exogenous Proline and Glycine Betaine Mediated Upregulation of Antioxidant Defense and Gboxalase Systems Provides Better Protection against Salt-Induced Oxidative Stress in

Two Rice（Oryza sativa L.) Varieties[J]. Biomed Research International, 2014, 2014: 757219.

[87] Wang X, Liu H, Yu F, et al. Differential activity of the antioxidant defence system and alterations in the accumulation of osmolyte and reactive oxygen species under drought stress and recovery in rice（Oryza sativa L.) tillering[J]. Scientific reports, 2019, 9(1): 1–11.

[88] Wang X, Zhao X, Jiang C, et al. Effects of potassium deficiency on photosynthesis and photoprotection mechanisms in soybean（Glycine max（L.) Merr.) [J]. Journal of Integrative Agriculture, 2015, 14(5): 856–863.

[89] Ashraf M, Harris P J C. Photosynthesis under stressful environments: an overview[J]. Photosynthetica, 2013, 51(2): 163–190.

[90] Hasanuzzaman M, Nahar K, Anee T I, et al. Silicon–mediated regulation of antioxidant defense and glyoxalase systems confers drought stress tolerance in Brassica napus L[J]. South African Journal of Botany, 2018, 115: 50–57.

[91] Ullah A, Sun H, Yang X, et al. Drought coping strategies in cotton: increased crop per drop[J]. Plant biotechnology journal, 2017, 15(3): 271–284.

[92] Lawlor D W, Comic G. Photosynthetic carbon assimilation and associated metabolism in relation to water deficits in higher plants[J].Plant, cell & environment, 2002, 25(2): 275–294.

[93] Anjum, SA, Xie, et al. Morphological, physiological and biochemical responses of plants to drought stress[J]. AFR J AGR RES, 2011, 6(9): 2026–2032.

[94] Jumrani K, Bhatia V S, Pandey G P. Impact of elevated temperatures on specific leaf weight, stomatal density, photosynthesis and chlorophyll fluorescence in soybean[J]. Photosynthesis Research, 2017, 131(3): 333–350.

[95] Wang W, Wang C, Pan D, et al. Effects of drought stress on photosynthesis and chlorophyll fluorescence images of soybean（Glycine max）seedlings[J]. International Journal of Agricultural and Biological Engineering, 2018, 11(2): 196–201.

[96] Bota J, Medrano H, Flexas J. Is photosynthesis limited by decreased Rubisco

activity and RuBP content under progressive water stress?[J]. New phytologist, 2004, 162(3): 671–681.

[97] Farquhar G D, Sharkey T D. Stomatal conductance and photosynthesis[J]. Annual review of plant physiology, 1982, 33(1): 317–345.

[98] Iqbal N, Hussain S, Raza M A, et al. Drought tolerance of soybean (Glycine max L. Merr.) by improved photosynthetic characteristics and an efficient antioxidant enzyme activities under a split–root system[J]. Frontiers in physiology, 2019, 10: 786.

[99] Farooq M, Nawaz A, Chaudhary M A M, et al. Foliage–applied sodium nitroprusside and hydrogen peroxide improves resistance against terminal drought in bread wheat[J]. Journal of Agronomy and Crop Science, 2017, 203(6): 473–482.

[100] Iqbal H, Yaning C, Waqas M, et al. Hydrogen peroxide application improves quinoa performance by affecting physiological and biochemical mechanisms under water–deficit conditions[J]. Journal of Agronomy and Crop Science, 2018, 204(6): 541–553.

[101] Schippers J H M, Nguyen H M, Lu D, et al. ROS homeostasis during development: an evolutionary conserved strategy[J]. Cellular and Molecular Life Sciences, 2012, 69(19): 3245–3257.

[102] Petrov V, Hille J, Mueller–Roeber B, et al. ROS–mediated abiotic stress–induced programmed cell death in plants[J]. Frontiers in plant science, 2015, 6: 69

[103] Pompelli M F, Barata–Luis R, Vitorino H S, et al. Photosynthesis, photoprotection and antioxidant activity of purging nut under drought deficit and recovery[J]. biomass and bioenergy, 2010, 34(8): 1207–1215.

[104] Krol A, Amarowicz R, Weidner S. Changes in the composition of phenolic compounds and antioxidant properties of grapevine roots and leaves (Vitis vinifera L.) under continuous of long–term drought stress[J]. Acta Physiologiae Plantarum, 2014, 36(6): 1491–1499.

[105] Mustafavi S H, Shekari F, Maleki H H. Influence of exogenous polyamines on antioxidant defence and essential oil production in valerian (Valeriana

officinalis L.) plants under drought stress[J]. Acta agriculturae Slovenica，2016，107(1): 81-91.

[106] Garg N，Manchanda G. ROS generation in plants: boon or bane? [J]. Plant Biosystems，2009，143(1): 81-96.

[107] Feng N，Liu C，Zheng D，et al. Effect of uniconazole treatment on the drought tolerance of soybean seedlings[J]. Pak. J. Bot，2020，52(5): 1515-1523.

[108] Bodner G，Nakhforoosh A，Kaul H P. Management of crop water under drought: a review[J]. Agronomy for Sustainable Development，2015，35(2): 401-442.

[109] Nguyen T T Q，Trinh L T H，Pham H B V，et al. Evaluation of proline, soluble sugar and ABA content in soybean Glycine max (L.) under drought stress memory[J]. AIMS Bioengineering，2020，7(3): 114-123.

[110] Ishibashi Y，Yamaguchi H，Yuasa T，et al. Hydrogen peroxide spraying alleviates drought stress in soybean plants[J]. Journal of plant physiology，2011，168(13): 1562-1567.

[111] Zakikhani H，Ardakani M R，Rejali F，et al. Influence of diazotrophic bacteria on antioxidant enzymes and some biochemical characteristics of soybean subjected to water stress[J]. Journal of Integrative Agriculture，2012，11(11): 1828-1835.

[112] Silvente S，Sobolev A P，Lara M. Metabolite adjustments in drought tolerant and sensitive soybean genotypes in response to water stress[J]. PLoS One，2012，7(6): e38554.

[113] Meena M，Divyanshu K，Kumar S，et al. Regulation of L-proline biosynthesis, signal transduction, transport, accumulation and its vital role in plants during variable environmental conditions[J]. Heliyon，2019，5(12):e02952.

[114] Mattioli R，Costantino P，Trovato M. Proline accumulation in plants: not only stress[J]. Plant signaling & behavior，2009，4(11): 1016-1018.